LES

GRANDS PHÉNOMÈNES

DE LA NATURE

PAR

DESROUSSEAUX

PREMIÈRE PARTIE

COSMOGONIE

EN VENTE CHEZ L'AUTEUR
A MOUZON (ARDENNES)
Et chez tous les libraires

1879

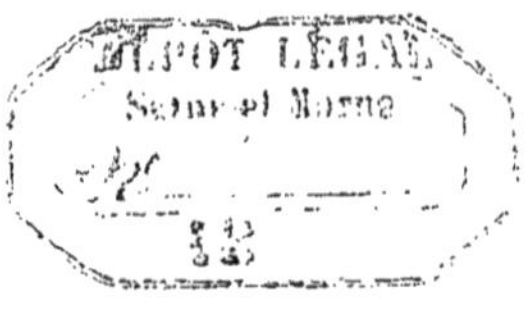

LES GRANDS PHÉNOMÈNES DE LA NATURE

COULOMMIERS. — IMPRIMERIE PAUL BRODARD.

LES GRANDS PHÉNOMÈNES DE LA NATURE

PAR

DESROUSSEAUX

PREMIÈRE PARTIE

COSMOGONIE

EN VENTE CHEZ L'AUTEUR
A MOUZON (ARDENNES)
Et chez tous les libraires

1879

PRÉFACE

Avant de commencer cet ouvrage, nous désirons présenter quelques observations au lecteur, afin de lui en faire connaître le but. C'est une étude des grands phénomènes de la nature considérés sous un jour nouveau.

L'obscurité est encore profonde sur la plupart d'entre eux. Que sait-on en effet de l'univers, de sa constitution, de son mécanisme et de la manière dont se forment les mondes? La lumière si intense du soleil et sa permanence depuis un passé insondable sont des problèmes qui exercent la sagacité des savants et dont la solution n'est pas même entrevue. Si nous jetons un coup d'œil sur l'électricité et le magnétisme, nous apercevons dans ces deux agents un mystère aussi impénétrable;

malgré des expériences nombreuses et intéressantes, nous ignorons leur rôle dans la matière et leur essence. Sont-ce des fluides impondérables ou de simples mouvements moléculaires? On ne sait.

Passons à l'étude des astres. La théorie newtonienne semble le *nec plus ultra* de la science astronomique, et néanmoins mille faits restent inexplicables, comme nous le démontrerons. On croit connaître les lois astrales, et en réalité on en ignore la plus grande partie. Les rouages de la gravitation sont bien plus compliqués qu'on ne le pense.

Dans un siècle ou deux, les découvertes auront sans nul doute fait d'immenses progrès, et plus d'un mystère sera dévoilé; mais nous ne serons plus là pour connaître ces secrets de premier ordre.

Est-il possible de devancer cette époque lointaine et de satisfaire jusqu'à un certain point notre curiosité légitime par de grandes probabilités, à défaut d'une certitude complète? Peut-être!

Comme l'a si bien dit M. J. Tyndall, « le do-« maine scientifique ne s'accroît pas par l'obser-« vation et l'expérience seules; il ne se complète

« que si l'on plante les racines de l'observation et « de l'expérience dans une région inaccessible « à toutes deux et que nous ne pouvons aborder « que par la puissance de l'imagination. »

En effet, l'imagination peut faire entrevoir des vérités sublimes ; seulement, l'expérience et le progrès des sciences devront plus tard rectifier les hypothèses, les confirmer si le raisonnement a été juste, ou les rejeter s'il a porté à faux.

Encouragé par les belles paroles de l'éminent et sympathique physicien anglais, notre intention, cher lecteur, est d'attaquer de front les grands phénomènes de la nature et de procéder avec méthode pour arriver du connu à l'inconnu. En un mot, nous désirons ardemment connaître le pourquoi des choses, et, tout en écartant rigoureusement les hypothèses vaines et non confirmées par les découvertes postérieures, nous nous efforcerons de devancer l'époque lointaine qui dissipera bien des obscurités.

Peu importe qu'on nous juge téméraire et que quelques-unes de nos idées soient considérées comme spéculatives; ce n'est pas à ce point de vue qu'il faut les accueillir. En réalité, notre intention est de faire faire un pas à la science, si c'est possible, en présentant les phénomènes sous certaines faces auxquelles personne n'a peut-être songé. Nous citerons comme exemple la cause de la clarté éblouissante du soleil et de sa permanence à travers les âges; les uns l'ont attribuée à une chute continuelle de météores, les autres à une condensation progressive des matériaux mêmes de l'astre. Sans exclure entièrement ces deux facteurs, nous démontrerons que leur intervention seule ne peut donner lieu à l'abondance et à la vivacité de la lumière; elle résulte d'un mécanisme extraordinaire qui se relie intimement aux forces latentes renfermées dans le sein de l'éther, car il y a un lien constant entre l'astre radieux et le milieu qui non-seulement l'a enfanté, mais continue à le nourrir par le même procédé qui a servi à sa création; ce procédé est une source intarissable de calorique, comme le prouve la condensation des atomes dans les nébuleuses, condensation qui est encore l'auteur de la lumière zodiacale. Tous ces faits mystérieux seront compris quand nous aurons expliqué la constitution de l'éther, qui est la semence réelle des mondes et en même temps la substance universelle réduite à son dernier degré de division (élément primordial, ou atome isolé, et d'un type unique).

Si le lecteur veut bien nous suivre, nous le prendrons par la main et lui ferons apercevoir des horizons immenses, inconnus; sous les réserves nécessaires que toute hypothèse comporte, il comprendra que les phénomènes sont bien autrement grandioses qu'on ne l'avait soupçonné jusqu'ici.

Nous avons divisé notre ouvrage en deux volumes. Le premier, que nous faisons mettre sous presse sous le titre de *Cosmogonie*, est consacré à l'examen de plusieurs grands phénomènes qui se relient les uns aux autres et comprend cinq chapitres : l'Ether, les Nébuleuses, l'Electricité, le Magnétisme, et la Nébulosité solaire.

Le second volume, dont le premier est pour ainsi dire l'introduction, sera publié plus tard, sous le titre de *Lois astrales ou Théorie des fluides*. Il s'occupe des mouvements des astres et des lois qui les régissent; là aussi, les ténèbres sont très-épaisses, et le dernier mot n'a pas été dit. Des forces mécaniques sont en jeu et ont leur source dans les agents physiques eux-mêmes :

calorique et *électromagnétisme*. L'intervention de ces agents dans la gravitation sera prouvée par les mouvements complexes de la lune, qui se conduit en face de sa planète à l'instar d'une aiguille aimantée. Tous ces faits seront traités dans le deuxième volume; si le lecteur accueille favorablement le premier, nous espérerons le même accueil pour le second.

Peut-être n'avons-nous fait qu'indiquer la voie à suivre; mais d'autres pionniers viendront après nous et iront porter la lumière au milieu des ténèbres qui voilent la nature de toutes parts.

DESROUSSEAUX.

Mouzon, le 15 avril 1879.

LES

GRANDS PHÉNOMÈNES

DE LA NATURE

PREMIÈRE PARTIE

COSMOGONIE

I

L'ÉTHER

IMPOSSIBILITÉ DE LA THÉORIE DE KANT, LE CALORIQUE ÉTANT INDESTRUCTIBLE. — CONSTITUTION DE L'ÉTHER. — SES ATOMES ET SON CALORIQUE COMBINÉ. — ORIGINE DE LA MATIÈRE ET SON DERNIER DEGRÉ DE DIVISION. — ÉLASTICITÉ PRODIGIEUSE DE L'ÉTHER. — L'ACTION A DISTANCE. — LA GRANDE LOI D'ÉQUILIBRE.

La théorie généralement adoptée pour la formation des astres est la cosmogonie de Kant, développée par Laplace, d'après laquelle tout l'univers aurait été à l'origine un chaos gazeux ou matière cosmique maintenue à une température très-élevée et animée d'un mouvement de rotation. Le système solaire, l'une des parties de cet amas, se serait condensé progressivement en acquérant la forme d'un sphéroïde ou boule aplatie. Les planètes et leurs satellites auraient pris naissance par le refroidissement de la matière gazeuse projetée vers l'équateur en anneaux concentriques, sous la force centrifuge.

Bien des objections peuvent être faites aux théories de Kant et de Laplace, par exemple l'inclinaison prononcée de quelques petites planètes, la marche rétrograde d'une partie des comètes, et surtout la température excessive de la masse cosmique. Il serait incompréhensible que l'espace entier eût possédé autrefois une chaleur aussi intense pour la perdre depuis. Qu'est devenu tout ce calorique? Il y a là une difficulté insurmontable qui suffit pour faire rejeter cette théorie, car le calorique est une force indestructible aussi bien que la matière, et aucun physicien actuel n'admettra qu'il puisse s'anéantir. Rien de ce qui existe, n'ayant été engendré par le néant, ne peut disparaître dans le néant. En outre, le problème n'est pas résolu par l'hypothèse du chaos gazeux, et l'on retombe immédiatement dans la même obscurité; puisqu'il devait exister de toute éternité, pourquoi s'est-il modifié à un moment donné? N'ayant pas eu de commencement, il ne devait pas avoir de fin.

Non, ce n'est pas ainsi qu'a procédé la nature. Le chaos ne fut jamais. Toujours l'ordre a régné, et les phénomènes d'autrefois sont encore ceux d'aujourd'hui; ils parcourent simplement une série d'évolutions.

Nous allons montrer un développement de faits

qui ont leur origine dans l'éther lui-même et s'unissent dans une simplicité grandiose. Qu'est-ce que l'éther? Un fluide? mais qu'entendons-nous par le mot *fluide?* Nous employons déjà ce mot pour désigner le calorique et l'électricité, qui ne sont en réalité que des mouvements exécutés par les molécules des corps. L'éther est donc simplement de la matière. Or quelle est cette matière? En existe-t-il de deux sortes dans la nature?

Nous sommes ici en présence d'un problème très-sérieux et très-intéressant sur lequel nous avons porté toute notre attention. Pour en avoir la solution, il nous faut étudier les relations qui unissent la matière au calorique, et, procédant avec une logique rigoureuse, en tirer les conséquences voulues.

Origine de la matière, son dernier degré de division.

Le calorique intrinsèque de l'éther. — Équilibre dans l'éther de deux forces contraires dont le dérangement est la source des phénomènes.

L'éther est une substance homogène, élastique, formant une trame plus ou moins serrée, mais sans solution de continuité; elle remplit les profondeurs des cieux et par sa pression uniforme ne tolère pas le vide. Cette substance n'est en aucun point comparable à la matière proprement dite qui forme l'ensemble d'un astre; elle est insaisissable pour nous, et cependant elle est composée de molécules, lesquelles sont douées du pouvoir de vibrer, puisqu'elles transmettent le rayonnement du calorique dans l'espace. Or, si les atomes éthérés peuvent acquérir un mouvement vibratoire plus ou moins intense, ils ont en cela une vertu commune à tous les corps existants, et, comme ceux-ci vibrent naturellement, il est logique de supposer que l'éther possède aussi des vibrations propres. Qui dit vibrations dit calorique; donc l'éther est doué de calorique. Que de mystères vont trouver leur explication dans cette simple conception : *le calorique du milieu universel !*

S'il est une chose capable de frapper l'esprit de tout penseur, c'est l'unité grandiose de la nature. Tout doit dériver d'un élément primordial, lequel se métamorphose en mille combinaisons. La matière s'offre à nous sous des formes très-variées et complexes ; mais peu à peu nous sommes parvenus à la décomposer en partie. Bien que notre pouvoir de réduction soit borné et qu'il y ait certainement des limites que nous ne franchirons jamais, cependant la pensée nous permet de le faire et d'entrevoir l'existence d'atomes d'un type unique et inconnu.

D'un autre côté, étant donné que l'éther est lui-même une substance, est-il possible et raisonnable d'imaginer la présence de deux espèces de matière dans la nature? Non évidemment. Cette dualité ne se comprendrait pas. La substance universelle ne peut être qu'unique, mais susceptible de transformation. Tout est là en effet.

Il y a donc une corrélation entre l'éther et la matière. Supposons que celle-ci ait été enfantée par des condensations d'atomes homogènes du milieu qui remplit l'espace et par des unions successives entre eux (changements qui les ont rendus hétérogènes); déduisons-en toutes les conséquences, et nous arriverons à la solution d'un problème de premier ordre. Et ce ne sera que le commencement; d'autres problèmes se reliant au premier trouveront à leur tour leur explication (nature réelle de l'électricité et du magnétisme).

N'avons-nous pas déjà une preuve palpable de l'origine éthérée de la matière en voyant que, par une addition de plus en plus grande de calorique, tous les corps passent de l'état solide à l'état liquide, puis à l'état gazeux, et se convertissent en particules d'une telle ténuité qu'elles deviennent invisibles? Que se passe-t-il dans ce phénomène, si ce n'est que la matière retourne progressivement à son origine et tend à redevenir ce qu'elle a été de toute éternité avant la formation de l'astre? Or, pour cela, il faut qu'elle récupère le calorique qu'elle avait été obligée d'abandonner pour se condenser et s'unir en différentes combinaisons. En ajoutant du calorique, elle se divise en molécules isolées; en enlevant au contraire la chaleur, elle reprend l'état liquide, puis solide. Tous ces faits ne sont-ils pas extraordinairement curieux?

Mais ce n'est pas tout. Ces molécules si ténues peuvent elles-mêmes se subdiviser en d'autres particules plus ténues encore, et nous obtenons les différents corps simples. Est-ce là le dernier mot? Non certes; tels corps prétendus simples autrefois ont pu être réduits en d'autres éléments; plus tard, nous ferons encore d'autres progrès dans ce sens; mais il ne faut pas nous faire illusion : plus nous allons en avant dans la solution de ces problèmes, plus nous rencontrons de résistance, et nos moyens de décomposition finissent par se trouver insuffisants; la force nous fait défaut. La logique donc nous amène à dire que, si nous ne pouvons décomposer les corps simples, ce n'est pas parce qu'ils sont réellement simples et indécomposables, mais parce que nous ne possédons pas la force nécessaire pour les réduire, et nous ne la possèderons jamais. Toujours l'atome éthéré homogène sera insaisissable. En effet, les corps simples sont évidemment formés d'atomes uniques qui sont devenus plus ou moins denses et par conséquent hétérogènes en s'unissant entre eux en différentes proportions ; ces unions et condensations se sont faites à l'origine des temps, c'est-à-dire lors de la formation de l'astre au sein de la nébuleuse qui l'a enfanté. A cette époque, *sous une force mécanique prodigieuse* que nous expliquerons plus loin et qui a amené la condensation progressive de la nébuleuse elle-même, les atomes de l'éther, cette semence des mondes, n'ont cessé de tomber pendant une période de temps incalculable sur des centres d'attraction dont les noyaux ont été produits par l'union des premiers éléments qui sont arrivés en contact immédiat au sein de l'amas cosmique. Dans leur chute et le choc qui en était la conséquence, les atomes ont perdu un calorique énorme qui a rayonné dans l'espace, comme cela arrive dans toute combinaison chimique; par suite, ils ont changé de nature et sont devenus hétérogènes en s'unissant entre eux et ont formé des combinaisons diverses, soit des corps simples ou composés. Or, comme il ne nous est pas possible de reproduire la force mécanique immense due à leur énergie de position exceptionnelle acquise à cette époque dans l'espace, ni d'en détruire les effets en restituant aux atomes autant de calorique qu'ils en ont émis dans leur choc avec une intensité inouïe, nous devons renoncer à tout espoir de les diviser pour les ramener à leur état primitif ou type uniforme qu'ils possédaient de toute éternité dans l'espace; nous n'obtiendrons que des séparations les plus faciles à opérer, mais voilà tout, et jamais l'atome éthéré, ni même ses composés immédiats. L'hydrogène lui-même n'échappe pas à cette loi, car les atomes primitifs dont il se compose ont perdu, comme les autres éléments, du calorique dans leur chute et ont changé de nature. A l'origine des temps, il s'est donc formé des combinaisons et des condensations désormais irréductibles, faute de pouvoir disposer d'un calorique aussi intense que celui mis en liberté dans ces combinaisons.

C'est ainsi très-probablement que les choses ont dû

se passer, pour former ces amas de matière cosmique dont se composent les astres, et maintenant encore les combinaisons chimiques nous montrent quel calorique énorme est émis par chaque transformation de la matière.

De toutes ces considérations, il ressort que la substance doit être unique dans l'univers; son état normal est réellement l'isolement des particules qui sont douées d'un calorique naturel en rapport avec leur ténuité et leur séparation; ce calorique est évidemment prodigieux, mais il est latent et dissimulé, et, comme nous l'expliquerons tout à l'heure, il ne peut nous transmettre qu'une température glaciale; le resserrement seul des atomes, sous la force mécanique que nous décrirons dans le chapitre intitulé *Nébuleuses,* le met en liberté, et aussitôt surgit la chaleur. Il ressort également des données précédentes que la matière n'est plus à son état normal lorsqu'elle a perdu son calorique intrinsèque pour se condenser et s'unir chimiquement; elle acquiert alors des propriétés nouvelles et particulières qui changent suivant les combinaisons et les degrés de condensation plus ou moins prononcée des molécules. Dans ces transformations, la matière n'a plus aucun point de ressemblance avec les éléments homogènes de l'éther, lequel est et fut l'essence même de la substance éternelle, c'est-à-dire *son dernier degré de division.* C'est de l'éther que dérivent tous les phénomènes, quels qu'ils soient; ses atomes vibrent continuellement, et ce sont les vibrations seules qui les maintiennent à leur état d'isolement, jusqu'à ce que sous la force mécanique ils viennent à perdre une partie de leur calorique. L'éther est éminemment élastique, compressible et dilatable, parce que ses particules sont douées à la fois de la force attractive inhérente à la matière et d'une force répulsive due à leur calorique ou vibrations, et les deux forces contraires s'équilibrent merveilleusement, car les atomes se distancent les uns des autres d'après leurs attractions et leurs répulsions, et prennent des positions où ils ne peuvent ni se rapprocher davantage à cause de leur calorique naturel et des chocs qui en sont la conséquence, ni s'écarter plus fortement par suite de leur puissance attractive et peut-être aussi de la pression commune qu'ils exercent pour empêcher le vide. Ils conservent donc des distances fixes, mais le moindre ébranlement ou influence étrangère peut déranger l'équilibre entre les deux forces opposées et modifier les distances primitives en changeant le rapport normal et en donnant la supériorité à l'une ou l'autre force, *avec tendance énergique à reprendre chaque fois l'équilibre naturel.* De là cette élasticité extraordinaire qui donne à l'éther son pouvoir de transmission et qui n'est que la tendance à revenir à son état primitif; comme une tige d'acier qui se redresse après avoir été courbée, le milieu universel réagit vivement contre toute perturbation produite dans son sein.

Élasticité de l'éther.

La grande loi d'équilibre. — Basse température du milieu.

Comme nous l'avons dit, les deux forces attractive et répulsive se font équilibre dans le milieu universel; mais cet équilibre repose essentiellement sur la répartition des deux forces, et par conséquent sur la puissance du calorique intrinsèque, puisque c'est lui seul qui maintient l'écart ou séparation entre les atomes; la force attractive est de sa nature invariable, mais il n'en est pas de même du calorique, qui peut augmenter ou diminuer en se reportant sur un corps étranger ou en étant émis par celui-ci, comme cela arrive sur toute substance matérielle. L'équilibre général peut donc se déranger sous une influence perturbatrice, si la plus minime quantité de calorique est ajoutée ou retranchée dans le milieu. L'une des deux forces l'emportera alors sur l'autre et détruira l'état normal de la masse continue des particules en les obligeant à s'éloigner ou à se rapprocher davantage, et cette influence se communique à travers l'espace avec une vitesse inouïe. Une force nouvelle surgit, produite qu'elle est par la réaction du milieu (tendance à revenir à l'état primordial), de même qu'une bande de caoutchouc comprimée ou dilatée de force réagit contre la puissance qui agit sur elle.

L'éther sert donc de véhicule aussi bien à l'attraction ou pesanteur exercée par une masse quelconque qu'au rayonnement du calorique et de la lumière, car dans l'un et dans l'autre cas il y a réaction dans son sein contre l'une et l'autre perturbation produite par la force attractive de cette masse ou la force calorifique venant d'un corps incandescent. Il est évident que rien ne saurait se transmettre à travers le vide; la nature ne peut agir là où elle n'est pas, et par conséquent l'éther est le lien qui unit les astres.

Pour résoudre ce problème important, il nous faut jeter un coup d'œil sur les rapports du calorique avec la matière; l'éther, n'étant lui-même que la matière sous une forme très ténue, se conduit exactement comme elle.

Le calorique est un mouvement plus ou moins intense exécuté par les molécules qui vibrent et se transmettent des chocs qui les font se repousser mutuellement; plus les chocs sont rapides, plus augmente la force expansive, et les particules s'écartent davantage les unes des autres. Dans toute substance à son état normal, elles se maintiennent à une position déterminée par l'équilibre stable entre les forces attractive et répulsive; si l'on dérange le rapport en diminuant la chaleur, le corps se refroidit, et la force attractive, devenant prépondérante, l'emporte sur la force répulsive; les molécules se resserrent en conséquence. Par contre, si l'on augmente le calorique, la puissance attractive se trouve vaincue, et les particules se séparent davantage. Ceci établi, nous voyons trois lois fondamentales.

1° *La loi d'équilibre.* — La matière est à son état normal lorsque l'attraction et la répulsion se contre-balancent réciproquement pour amener un état stable moléculaire.

2° *Rupture de l'état normal dans un sens.* — L'équilibre se dérange quand un calorique étranger à un corps lui est transmis; alors il se dilate; mais, en vertu de la tendance naturelle au rétablissement de l'équilibre, il ne peut conserver ce calorique supplémentaire et cherche à s'en débarrasser en le faisant rayonner de manière à se mettre à l'unisson avec la température ambiante. Se refroidissant donc peu à peu, il finit par revenir à son état primitif.

Le résultat est le même si, au lieu de transmettre une chaleur étrangère, nous comprimons le corps par une force mécanique et le resserrons sur lui-même; *occupant moins d'espace*, ses vibrations naturelles ne sont plus en rapport avec ce volume réduit et deviennent trop abondantes, absolument comme s'il avait été chauffé. Les molécules se communiquent des chocs plus rapides et acquièrent ainsi une puissance expansive supérieure à leur force attractive; le corps cherche à revenir à son volume primitif et fait ressort; mais, s'il ne peut y parvenir, il finira par se mettre en harmonie avec la nouvelle forme à laquelle il a été réduit en se débarrassant par le rayonnement d'une partie de son calorique naturel.

C'est pourquoi le corps s'est échauffé; en résumé, si nous observons attentivement le phénomène, nous remarquerons que la substance a d'abord acquis de la chaleur par le resserrement; cet effet est dû au rayonnement de son calorique intrinsèque, puis elle s'est refroidie peu à peu par la sortie de cette chaleur devenue en excès, et à la fin elle ne possède plus la même quantité de vibrations qu'à son état primitif, puisqu'elle s'en est défait en les faisant rayonner au profit des corps environnants. Si donc on lui rendait son volume précédent, il lui faudrait également reprendre du calorique au détriment d'un autre corps. D'après cette loi, nous comprenons pourquoi les chaleurs spécifiques des substances sont en raison inverse de leurs poids atomiques, les molécules plus denses ayant moins besoin de calorique intrinsèque.

3° *Rupture de l'état normal dans l'autre sens.* — Si nous enlevons à la matière son calorique, l'équilibre se rompt ; elle se contracte, parce que la force attractive l'emporte sur la force répulsive; mais, par suite de la tendance au rétablissement de l'équilibre, le corps cherche à reprendre la chaleur qui lui manque et la soutire aux objets à proximité; en opérant ainsi, il finit par se réchauffer.

Le résultat est le même si, au lieu de refroidir la matière, nous la dilatons par un moyen mécanique; *occupant alors plus d'espace*, son calorique devient trop faible pour le volume plus grand qu'on lui fait prendre, et elle se comporte absolument comme si elle avait été refroidie; les molécules se transmettent des chocs moins intenses, et la force attractive l'emporte encore sur la force répulsive. Le corps cherche à revenir à son état primitif en se contractant; mais, s'il est dans l'impossibilité de le faire, il se mettra en harmonie avec son volume agrandi en accaparant le calorique étranger.

En résumé, la substance s'est en premier lieu refroidie par le desserrement de ses molécules, puis elle s'est réchauffée peu à peu en prenant la chaleur environnante, et finalement elle possède plus de vibrations qu'à l'origine, puisqu'elle s'est emparée du calorique des corps à proximité; le phénomène est inverse du précédent; si donc on lui faisait reprendre son volume primitif, il lui faudrait de nouveau se débarrasser de tout le calorique supplémentaire acquis par la dilatation subie; de là un rayonnement ou source de chaleur.

Nous appelons la plus grande attention sur tous ces faits curieux, car ils vont nous faire comprendre pourquoi l'éther contient tant de calorique, malgré sa température très-basse; c'est à cause de son extrême dilatation, qui le rend latent et le dissimule en l'étendant sur un espace immense; or la matière prend des vibrations proportionnellement à l'emplacement qu'elle occupe. Il ne peut y avoir aucune sensation de chaleur tant qu'il n'y a pas rayonnement, c'est-à-dire que l'impression de chaleur ne peut exister que si un corps se débarrasse à notre profit de ses vibrations en se resserrant. Son calorique se concentre, ce qui le force à rayonner; si au contraire il se fait une dilatation, le calorique devient moins concentré, il y a absorption, et la température s'abaisse; le corps s'empare de notre propre chaleur. C'est ainsi que les rayons solaires acquièrent une force énorme en se rassemblant à travers une lentille convergente, laquelle agit comme une substance comprimée sur elle-même; par contre, ils s'affaiblissent en passant à travers une lentille divergente qui représente un corps dilaté mécaniquement.

En un mot, tant que le calorique reste latent dans la matière, il n'y a pas de phénomène, mais la chaleur surgit aussitôt qu'il y a le moindre rapprochement ou resserrement entre les molécules, de même que le froid se fait sentir quand au contraire les molécules s'écartent les unes des autres. Le calorique étant à l'état latent dans l'éther et de plus répandu sur un espace immense *relativement au nombre des atomes dont il se compose*, il nous est facile de comprendre pourquoi il ne peut nous transmettre qu'un froid excessif; son calorique ne rayonne pas; mais, aussitôt que se fait une condensation ou rapprochement d'atomes comme dans une nébuleuse, les vibrations augmentent d'intensité, le rayonnement a lieu, et la chaleur se fait sentir avec une puissance inouïe, car il y a déplacement du calorique latent.

Nous nous servirons d'une comparaison qui nous donnera l'idée du phénomène. Dilatons mécaniquement un corps, et faisons-lui occuper un espace double, triple, quadruple, et, pour se mettre en harmonie avec ce nouvel état, il absorbera deux, trois, quatre fois plus de calorique sans que sa température puisse s'élever ; la chaleur reste latente, comme lors d'un changement d'état. Supposons qu'il nous soit possible de dilater cette substance au même degré que l'éther, elle occupera un espace immense et s'emparera d'un calorique proportionnel à cette dilatation extrême. Le corps possédera donc un calorique prodigieux, tout en conservant une température excessivement basse; mais admettons alors un resserrement progressif de manière à le ramener à son état primitif, et toutes les vibrations qui ont été absorbées successivement seront remises en liberté, développant par cette concentration une chaleur d'autant plus considérable que la dilatation a été plus grande et le resserrement plus rapide.

Tel est l'éther qui possède énormément de vibrations relativement au nombre de ses atomes dans un emplacement donné, et dont la température est glaciale précisément à cause de sa dilatation (isolement des atomes) *sur un espace si considérable*. En outre, l'éther est soumis à un refroidissement incessant en vertu d'une force mécanique que nous expliquerons plus loin et qui lui fait accaparer les vibrations au détriment des astres. Cette force mécanique provient d'une réaction, c'est-à-dire que la concentration des nébuleuses sur certains points du ciel engendre une dilatation proportionnelle sur d'autres points de l'espace, car tout dérangement d'équilibre fait naître deux forces opposées. Or la dilatation de la matière est une source de froid inouï; de là une température glaciale dans l'éther, et comme contre-coup, sur la région d'une planète privée des rayons du soleil, le froid sévit.

Tout s'enchaîne dans la nature, et toujours nous voyons en jeu deux forces opposées et égales. A côté de la lumière, l'ombre; à une source de chaleur produite par une concentration d'atomes éthérés correspond une source de froid également intense occasionné par une dilatation du milieu universel. Ce mécanisme sera expliqué clairement à propos des nébuleuses; en attendant, nous allons continuer la description de l'éther.

Les quatre états de la matière.

Perte progressive du calorique par la condensation et le changement d'état.

Pour résumer les considérations précédentes, nous dirons que la matière comprend quatre états bien distincts, et chaque fois qu'elle passe de l'un à l'autre elle est obligée de perdre du calorique.

1° *État d'isolement des atomes.*

La substance éthérée se compose de la matière réduite à son dernier degré de division; son calorique est rigoureusement proportionnel à cette forme de la matière, c'est-à-dire très considérable relativement au nombre des atomes, mais dissimulé par l'effet de la dilatation elle-même; en un mot, il est latent et ne rayonne pas.

2° *État gazeux.*

Les molécules des gaz sont composées d'atomes éthérés déjà groupés ensemble par des combinaisons faites à un moment donné d'une manière stable; par suite, leur température est plus élevée que celle de l'éther; mais en réalité, si l'on considère le nombre des atomes qui sont unis ensemble dans les gaz, ils ne possèdent plus autant de calorique intrinsèque que les particules du milieu universel, ayant été obligés de s'en débarrasser en partie à l'époque de leurs combinaisons. Moins de vibrations leur suffisent pour une température plus haute, car les chaleurs spécifiques ont changé. Une nébuleuse nous donne le spectacle d'une matière éthérée qui, se resserrant mécaniquement, est en voie de se défaire de ses vibrations par rayonnement ; elle passe peu à peu à l'état gazeux.

3° *État liquide.*

La matière gazeuse s'est concentrée de plus en plus dans la nébuleuse, et les atomes, tombant avec violence sur les centres d'attraction déjà formés, ont fini par perdre assez de chaleur par rayonnement pour pouvoir arriver au contact immédiat; dès lors, ils se sont unis et groupés ensemble chimiquement et ont changé d'état par la compression énorme qu'ils éprouvent dans les noyaux des astres en formation; les étoiles ont pris naissance, en partie gazeuses, en partie liquides (noyaux).

4° *État solide.*

Sur les globes non lumineux (planètes), la perte du calorique s'est encore accrue par le rayonnement vers les espaces célestes; leur noyau reste liquide, mais les couches superficielles en contact avec le milieu glacé se sont refroidies et solidifiées; la force attractive inhérente à la matière, laquelle dans toutes ces transformations est restée entière, n'a plus eu le contrepoids que lui apportait le calorique et est devenue excessivement énergique par la sortie de ce calorique; les particules se sont alors soudées les unes aux autres; *leur nombre immense sous un petit volume représente une force attractive inouïe* proportionnelle à ce nombre d'atomes.

Ainsi chaque transformation de la substance a été marquée par une déperdition du calorique naturel de l'éther, et les moindres métamorphoses de la matière sont dépendantes de la quantité de vibrations qui sont combinées avec elle. Tous les phénomènes chimiques nous montrent le même dégagement de calorique qui en est la conséquence obligatoire. En réalité, la matière est unique, mais se transforme lorsque son calorique combiné la quitte, ce qui permet aux atomes de se rapprocher et de s'unir entre eux pour former les différents corps simples et composés.

Les recherches récentes de M. Norman Lockyer ont jeté un nouveau jour sur la composition des corps simples; il a montré que le spectre d'un grand nombre de substances considérées jusqu'à ce jour comme des éléments ne se comporte pas autrement que celui des corps composés. De là à une matière élémentaire unique il n'y a qu'un pas; c'est ce que nous a démontré le raisonnement, comme nous l'avons déjà expliqué au lecteur.

L'action à distance.

Mécanisme curieux de la transmission par le milieu de la pesanteur d'un corps et du rayonnement de la lumière.

Les trois lois fondamentales dont nous avons parlé plus haut vont vous faire comprendre la vertu de transmission de l'éther. Ainsi que nous l'avons vu, le milieu universel est une matière homogène très-dilatée et formant une trame continue excessivement élastique, parce que ses molécules maintiennent leurs distances respectives. Sous le moindre ébranlement ou influence étrangère, elles sont obligées de se resserrer (influence attractive d'une masse quelconque) ou de s'écarter davantage (influence répulsive d'un corps incandescent); mais elles réagissent énergiquement contre la force qui vient troubler leur équilibre, et *c'est à cette réaction puissante* qu'est due la transmission à distance. L'univers forme un tout dont chaque pièce est solidaire l'une de l'autre, et le plus petit dérangement sur un point quelconque donne un ébranlement qui se propage dans la masse entière avec une force décroissante à partir du point où s'est produite la perturbation.

Il y a dérangement de l'équilibre initial quand des atomes en certaine quantité ont pu se grouper pour former une masse quelconque, car alors il existe dans le milieu une chose qui n'y était pas auparavant, et une attraction se fait sentir dans l'éther. Avant l'apparition de cette masse, aucune influence attractive ne se produisait, puisque les atomes étaient soumis à deux forces égales et contraires; restant alors en équilibre, ils n'étaient pas plus attractifs que répulsifs, ou, pour mieux dire, leurs attractions et leurs répulsions, se neutralisant réciproquement, étaient comme si elles n'existaient pas.

Une attraction anormale due à l'apparition d'une masse formée d'atomes groupés se fait donc sentir dans le milieu, et aussitôt l'équilibre préexistant se modifie, et les particules, devenues plus attractives non-seulement se resserrent, mais réagissent sur la masse. A son attraction, elles répondent par leur propre attraction.

Pour expliquer ce phénomène très curieux, remarquons que la force attractive inhérente aux atomes est invariable, tandis qu'il n'en est pas de même de la force répulsive ou vibrations calorifiques qui ont la vertu de se porter d'un corps à un autre au détriment du premier et au profit du second, car le calorique sort de la matière quand on la comprime ou y rentre si on la dilate; sa chaleur peut donc varier, mais sa force d'attraction jamais; celle-ci reste tout entière, et, si elle n'est plus contre-balancée par la même quantité de force répulsive, elle prend le dessus, semble augmenter d'intensité, et se fait sentir en conséquence dans un corps ou dans l'éther, en exerçant une action perturbatrice. Ainsi l'augmentation d'intensité attractive n'est due qu'à un dérangement d'équilibre entre les deux forces qui se neutralisaient auparavant.

Supposons que des atomes éthérés aient été condensés mécaniquement de manière à occuper une place mille fois plus petite que celle qu'ils possédaient étant isolés; la condensation fait rayonner le calorique intrinsèque qui est expulsé de ce groupe de molécules, et les vibrations finissent par se mettre en harmonie avec le degré de resserrement. Le corps contient alors mille fois moins de calorique; mais son attraction, n'ayant pas changé, est proportionnelle à sa masse. Si donc nous le comparons aux propriétés qu'il avait à l'état d'isolement de ses particules, nous lui reconnaîtrons une force attractive se chiffrant par le nombre mille, par cela même qu'il a perdu mille fois du calorique. Le corps exerce sa puissance d'attraction sur les molécules de l'éther et les appelle à lui d'après la loi en raison directe des masses et inverse du carré des distances. Abandonné dans l'espace, il transmettra une aspiration semblable dans tous les sens, et il ne changera pas de position; mais, si un autre corps condensé se trouve dans son voisinage, ce dernier attire également à lui avec une force proportionnelle à sa densité les molécules éthérées.

Celles-ci, appelées des deux côtés à la fois, sont obligées d'obéir en modifiant leur équilibre, et c'est alors que se manifeste le phénomène bizarre de réaction qui donne lieu à l'action de la pesanteur et que nous allons expliquer.

Ainsi que nous l'avons dit, l'éther représente une matière gazeuse très-dilatée et douée d'élasticité, parce que ses atomes sont reliés les uns aux autres et se maintiennent à des distances fixées rigoureusement par les deux forces attractive et répulsive qui se neutralisent réciproquement. C'est leur état normal, et les deux forces se comportent comme si elles n'existaient pas; mais, aussitôt que leur équilibre se dérange, une des deux puissances l'emporte sur l'autre et se fait sentir avec d'autant plus d'énergie que l'équilibre est dérangé davantage. Alors surgit la force de réaction suivante.

Si par un moyen quelconque nous pouvions contraindre les atomes à se resserrer, leur équilibre serait rompu, et ils opposeraient une résistance à la force mécanique exercée sur eux; ils feraient ressort pour revenir à leurs positions initiales, *car, occupant un espace trop restreint, leur calorique deviendrait en excès*, et la force répulsive l'emporterait en conséquence sur la force attractive. Cette puissance de réaction, due à un calorique trop abondant pour leur nouvel état, ramènerait donc les atomes à leurs positions primitives aussitôt que cesserait d'agir la force mécanique; après s'être contracté sous cette force, l'éther se dilaterait de nouveau.

Le phénomène serait exactement inverse si nous pouvions obliger mécaniquement les atomes à s'éloigner les uns des autres plus que ne le veut leur état normal; leur équilibre serait également rompu, mais ils déploieraient la même puissance de réaction et feraient ressort avec énergie pour reprendre leurs positions initiales, *car, occupant un espace plus considérable, ils auraient besoin de plus de calorique;* n'en trouvant pas, ils se refroidissent par l'effet de la dilatation; autrement dit, la force répulsive devenant inférieure, c'est la force attractive qui l'emporte et cherche à faire resserrer les atomes, comme cela arrive dans toute substance qui a été refroidie (dilater la matière ou la refroidir sont deux phénomènes identiques). Aussitôt que viendrait à cesser la puissance mécanique, le milieu dilaté se contracterait donc immédiatement. Telle est la force de réaction. Il ne faut pas non plus oublier que les atomes éthérés se trouvent en présence du vide absolu, et la moindre augmentation de l'intervalle qui les sépare engendre par cette dilatation un refroidissement énorme; comme conséquence, la force attractive surgit irrésistible pour ramener les particules les unes vers les autres. L'éther est toujours en lutte contre le vide.

Ainsi donc, quand un corps ou masse quelconque exerce son attraction perturbatrice sur les atomes éthérés, ceux-ci sont obligés d'obéir à cet appel et se portent vers le centre d'attraction qui les sollicite; il y a contraction, le mouvement étant général, d'après la loi en raison inverse du carré des distances, car, si ce mouvement était exécuté par les uns et non par les autres, il surgirait immédiatement entre eux une séparation ou dilatation qui augmenterait brusquement la force attractive par suite du refroidissement (manque de calorique pour ce nouvel état). De là une réaction qui s'oppose à cette séparation. En effet, le premier atome qui se trouve placé près de la substance attirante est contraint de se rapprocher proportionnellement à la force d'appel et prend une nouvelle position déterminée par la prépondérance acquise par la puissance attractive sur sa rivale, mais il ne peut se rapprocher isolément; s'il se séparait de la molécule suivante, aussitôt aurait lieu cet accroissement énorme de la force d'attraction entre ces deux atomes, dont nous venons de parler. La séparation des deux particules ne peut donc s'effectuer que dans une très-minime mesure, et le second atome suit le mouvement du premier; le troisième également, et ainsi de suite dans toute la chaîne qui se contracte sous l'appel de la masse perturbatrice, en suivant la loi des distances.

Le résultat de cette contraction de l'éther, c'est que deux corps en présence sont obligés de se porter l'un vers l'autre, de tomber en un mot. En effet, les atomes, sollicités à se porter à la fois dans deux directions opposées, ne peuvent le faire sans se séparer les uns des autres. Or, comme nous venons de l'expliquer, à la moindre séparation qui se fait entre eux surgit un refroidissement extrême et par suite une exaltation de la puissance attractive inhérente à la matière. La force de réaction qui en résulte produit un ressort énergique qui oblige les deux globes à se porter l'un vers l'autre dans la proportion de leurs masses. Or, loin de se détendre par leur rapprochement, le ressort se tend au contraire davantage, car, à mesure que les deux mobiles tombent, toutes les molécules qu'ils rencontrent dans leur chute sont attirées vers eux avec une force progressive, mais elles réagissent comme l'ont fait les premières ; chaque nouvelle force s'ajoute donc à la précédente, la vitesse de la chute devient accélérée et les deux astres tombent l'un vers l'autre dans la proportion de leurs masses.

Telle est la loi mystérieuse en vertu de laquelle l'attraction se fait sentir de globe en globe et se propage de molécule en molécule éthérée à travers l'espace avec une vitesse inouïe, grâce à la réaction du milieu lorsque son équilibre est troublé.

L'ébranlement causé dans l'éther est inverse quand un corps incandescent lui communique des vibrations supplémentaires qui dérangent son équilibre normal. C'est alors la force répulsive qui l'emporte sur sa rivale ; les atomes vibrent davantage et sont obligés par suite de s'espacer plus fortement ; il se fait une dilatation générale des particules, et il y a réaction de la part du milieu ; les lois sont donc les mêmes et la vitesse de propagation identique. Nous reviendrons sur ce phénomène au sujet des astres, à cause des conséquences importantes qui en résultent pour la gravitation [1].

L'action à distance pour les phénomènes électriques et magnétiques.

Force de réaction dans l'éther polarisé ou dans un milieu gazeux. — Attractions et répulsions entre les pôles des aimants à l'aide des spires éthérées.

L'éther sert également de véhicule à l'électricité. Les fluides, étant dus à un dérangement de l'équilibre moléculaire, exercent leur influence sur le milieu, dont l'équilibre se rompt aussi, puisqu'il est lui-même la matière réduite à son dernier degré de division. Les particules se polarisent avec d'autant plus d'énergie que l'éther est éminemment élastique.

Lorsqu'il s'agit d'électricité statique, les atomes du milieu qui sont en contact avec une substance positive deviennent négatifs, et par contre ceux qui sont en contact avec le corps influencé sont positifs; en conséquence, celui-ci s'électrise négativement sur l'extrémité tournée vers l'inducteur.

Pour les courants, le milieu se polarise évidemment comme les conducteurs d'électricité dynamique, où les fluides se décomposent et se recombinent continuellement, et il se conduit tout à fait de la même manière

1. Une masse telle que le soleil fait contracter les atomes par son attraction; ces atomes resserrés sont soumis à la puissance du calorique qui les fait vibrer en conséquence; ils cherchent à se dilater par réaction; le milieu éprouve un ébranlement.

dans ces décompositions et recombinaisons ininterrompues.

S'il s'agit d'actions magnétiques, les molécules du milieu se polarisent encore, mais leur électricité tourne dans le sens de la force électro-motrice de chaque filet de l'aimant, et elles dirigent leurs lignes de force dans l'espace en décrivant une multitude de petits tourbillons de même sens autour d'axes qui se prolongent selon la ligne de force (nous expliquerons dans un autre chapitre que ces mouvements dans le milieu intermédiaire ne sont que la répétition de mouvements analogues de rotation électrique qui s'opèrent dans le sein de l'aimant).

L'influence est attractive entre deux corps magnétiques quand l'évolution des tourbillons atomiques qu'ils font naître se fait dans la même direction, et répulsive dans le cas contraire. Ainsi, lorsque deux aimants se présentent des pôles différents, les mouvements sont en harmonie et s'attirent, car ce sont des courants électriques similaires. Pour des pôles de même nom, les mouvements, se faisant en sens inverse, se contrarient et se repoussent.

Tous les phénomènes électriques se traduisent par deux forces considérables qui sont en réalité des ruptures d'équilibre : 1° *attraction*, ou affinité de deux corps électrisés différemment, c'est-à-dire tendance énergique de la matière à rétablir son équilibre dérangé, comme deux ressorts de nature opposée qui cherchent à se détendre l'un par l'autre ; 2° *répulsion*, ou réaction de deux ressorts de même nature l'un contre l'autre, c'est-à-dire opposition vigoureuse de la matière à un plus grand dérangement de son état normal.

Ces deux phénomènes, étant un attribut remarquable de l'électricité, doivent nécessairement se manifester dans les courants et par ceux-ci dans les actions magnétiques. C'est pourquoi les courants s'attirent ou se repoussent selon qu'ils sont de même sens ou de sens opposé. C'est une conséquence de la loi d'équilibre rompu qui tend sans cesse à se rétablir.

Les attractions et les répulsions à distance entre les pôles des aimants sont donc dues à une réaction énergique du milieu [1]; nous allons l'expliquer.

Les atomes polarisés suivent les évolutions de la force électro-motrice, et les spires qui se forment sans interruption entre les pôles de deux aimants sont de véritables courants qui non-seulement sont attirés d'un pôle à l'autre quand ceux-ci sont de noms différents, mais s'attirent eux-mêmes avec énergie comme le font les spires d'un fil conducteur d'électricité. Alors surgit une extrême tension dans le milieu intermédiaire, ainsi que l'a observé Faraday; les lignes de force s'écartent latéralement tout en se raccourcissant, avec d'autant plus de puissance que l'action magnétique est plus grande. Cette extrême tension du milieu

1. Un milieu gazeux se conduit comme l'éther, puisqu'il est élastique, compressible et dilatable, et doué des forces attractive et répulsive, grâce au calorique qu'il contient.

provient de ce que les spires sont attirées d'un pôle à l'autre, ce qui doit amener leur desserrement; mais elles ne peuvent obéir à l'appel sans provoquer une réaction de la part du milieu même, car elles s'attirent elles-mêmes et cherchent à se resserrer en vertu de leurs attractions mutuelles. Comme l'éther est éminemment compressible et dilatable, il réagit énergiquement et se contracte. Au lieu donc de la dilatation qui devait se faire entre les spires sous l'appel des pôles, le milieu se resserre et fait ressort avec une puissance irrésistible; il tend par là à faire rapprocher les deux aimants afin de lui permettre de resserrer sa trame. Ainsi que cela a lieu pour la pesanteur, la tension augmente par le rapprochement et diminue par l'éloignement.

La tension du milieu est semblable quand les pôles sont de même nom. Les spires, étant alors de sens inverse, sont repoussées par chaque pôle placé en face de celui qui les envoie. Cette réaction mutuelle tend à faire comprimer le milieu, mais il ne peut obéir, car il devient lui-même extrêmement répulsif d'une spire à l'autre; ces spires de sens contraire, en effet, se repoussent réciproquement et forcent en conséquence l'éther à se dilater. Un ressort surgit et se traduit par une force expansive qui cherche à faire éloigner les deux aimants l'un de l'autre, afin de permettre au milieu de desserrer sa trame.

Telle est la cause des attractions et répulsions magnétiques à distance par l'intermédiaire d'un milieu polarisé. Les mouvements de rotation électrique dont nous venons de parler nous sont prouvés par l'expérience de Faraday au sujet de l'aimantation de la lumière. De deux rayons de lumière polarisée circulairement et tournant en sens contraire, le rayon qui se propage avec la plus grande vitesse est celui qui tourne dans la même direction que l'électricité du courant magnétique. Il s'ensuit, comme l'a démontré M. William Thompson, que le milieu doit être en état de rotation quand il est sous l'action de la force magnétique et forme de petits tourbillons moléculaires autour d'axes qui se prolongent en diverses lignes de force dans l'espace.

Maintenant que nous connaissons la constitution très-probable de l'éther, nous allons étudier d'autres phénomènes aussi intéressants qui ont trait à la formation des mondes par les atomes isolés du milieu cosmique, à l'aide d'un mécanisme particulier qui prouve la toute-puissance de la nature.

II

LES NÉBULEUSES

DÉRANGEMENT DE L'ÉQUILIBRE DE TOUTE ÉTERNITÉ. — NAISSANCE DES DEUX FORCES. — CONDENSATION ET DILATATION. ACTIONS MÉCANIQUES DES ATOMES. — L'ÉNERGIE POTENTIELLE. SOURCES DE CHALEUR ET DE FROID INTENSES DANS L'ÉTHER.

Comment se forment les mondes? Comment s'engendrent les nébuleuses? Il semble y avoir là un mystère impénétrable, étant donné l'équilibre des atomes dont nous avons parlé; la force attractive qui les fait se condenser paraît en contradiction avec cette loi. Il n'en est rien; les nébuleuses sont dues précisément à un dérangement éternel de cet équilibre.

Il est une chose dont il faut nous convaincre, c'est que tout mouvement, quel qu'il soit, ne provient jamais que d'une rupture d'équilibre; il est le dégagement d'une force qui était retenue à l'état potentiel par une force opposée, et le mouvement lui-même est un acheminement vers un nouvel équilibre qui, détruit à son tour, donnera lieu à un nouveau dégagement de la force. Tel est le balancement du pendule; tels sont les mouvements des astres, qui, dans leurs orbites elliptiques, se rapprochent et s'éloignent alternativement de leur centre d'attraction.

L'éther renferme une force latente prodigieuse, laquelle se décompose en deux énergies qui se neutralisent réciproquement : ce sont les forces attractive et répulsive. Supposons que l'équilibre entre ces deux puissances ne soit pas réellement stable et qu'il existe de toute éternité une oscillation excessivement lente, mais incessante, qui donne la prépondérance tantôt à la première, tantôt à la seconde, et nous allons avoir la solution d'un grand problème.

En effet l'équilibre de l'éther n'est pas stable; l'essence du calorique étant le mouvement et la vie, l'univers ne peut être livré au repos et à l'immobilité qui serait la mort. Pour une cause éternelle comme celle des vibrations elles-mêmes, qui n'ont pas eu de commencement et n'auront pas de fin, de grands mouvements d'oscillation de part et d'autre du point d'équilibre se font sentir avec une lenteur infinie qui se chiffre probablement par des milliards de siècles pour un seul va-et-vient, et ressemblent tout à fait au balancement du pendule. La réaction succède toujours à l'action, et l'équilibre se dérange de nouveau par cela même qu'il tend à se rétablir. *En un mot, le mouvement se change en calorique, puis le calorique à son tour se transforme en mouvement*, comme nous allons l'expliquer. C'est ce qui constitue la force mécanique de l'univers. Et qu'on ne s'imagine pas qu'il y a là une vaine hypothèse de notre part. Le mouvement éternel est dans l'ordre des choses, du moment qu'existe le calorique qui est le mouvement lui-même. Pourquoi les molécules matérielles vibrent-elles de toute éternité? Cela dépasse notre intelligence; mais le fait existe; le mouvement oscillatoire sans commencement ni fin qui résulte du dérangement de l'équilibre a sa source dans le calorique lui-même et n'est pas plus extraordinaire que le mouvement vibratoire.

L'énergie de position. — L'action mécanique.

Conversion du calorique en mouvement et de celui-ci en calorique. Chacune des deux forces domine à tour de rôle.

L'équilibre se dérange continuellement, puis tend sans cesse à se rétablir pour se déranger de nouveau. Cette réaction qui suit l'action tient à la présence du calorique dans l'éther. Le calorique est synonyme de mouvement.

En effet, quand par l'attraction, devenue prépondérante à un moment donné, les atomes ont dépassé le point précis de leur équilibre, ils commencent à se resserrer très-lentement et constituent une matière qui serait peu à peu comprimée mécaniquement; leur calorique devient en excès par le rapprochement des particules qui s'entrechoquent davantage et acquièrent une force expansive qui augmente toujours et finit par prendre le dessus. Il arrive donc nécessairement que, grâce au calorique qui réagit, le trop fort dérangement de l'équilibre engendre à un moment donné l'oscillation inverse qui ramènera les atomes de l'autre côté du point normal, précisément avec le même degré d'énergie qu'ils avaient déployée pour se rapprocher. Sous la force expansive acquise lors du resserrement, ils se séparent progressivement jusqu'à ce que le calorique faisant de plus en plus défaut, comme dans une matière dilatée mécaniquement, il arrive aussi que le refroidissement devient excessif. A un certain moment, la force attractive n'étant plus contre-balancée par un calorique devenu trop faible pour ce nouvel état, prend une énergie extrême et finit par l'emporter de plus en plus sur la force rivale; elle empêche donc le balancement ou dilatation de s'étendre trop loin, et, par une nouvelle oscillation en sens contraire, elle reporte les atomes en arrière pour leur faire recommencer le même jeu, et cela indéfiniment. Pour l'éther seul, le mouvement est éternel dès qu'il existe; il ne saurait jamais s'arrêter, car il n'est soumis à aucune espèce de frottement; il glisse sur le vide absolu, et le mouvement lui-même est engendré par le mouvement antérieur contraire dont il procède, et cela sous l'action du calorique qui disparaît pour se métamorphoser en mouvement quand il amène le desserrement des atomes; puis, à son tour, le mouvement se transforme en calorique lorsque les atomes se condensent de nouveau et se resserrent encore.

Les phénomènes de condensation, dont le commencement se perd dans la nuit de l'éternité, se font sur plusieurs points de l'espace (nébuleuses) auxquels correspondent nécessairement et avec une précision mathématique des phénomènes de dilatation sur d'autres points des cieux; les uns sont la conséquence des autres, puisqu'ils proviennent d'une rupture d'équilibre; quand dans un milieu uniforme se fait une condensation partielle, elle est accompagnée d'une dilatation partielle précisément égale sur un autre point.

Telle est donc la cause des nébuleuses; leur condensation est due à une force mécanique irrésistible engendrée par la force contraire. Comme dans l'oscillation du pendule, l'énergie potentielle se convertit en énergie de mouvement, qui à son tour reproduit l'énergie de position. L'excès du dérangement dans un sens se traduit par le même excès dans le sens opposé. En effet, les particules qui s'éloignent trop les unes des autres se refroidissent violemment et prennent un état nouveau qui les rend plus attractives, grâce au manque de calorique; elles acquièrent une énergie de position exceptionnelle, qui sera suivie plus tard d'un rapprochement extrême de la matière cosmique. Donc, à un moment donné, lorsque l'équilibre est par trop dérangé, cette énergie potentielle se convertit en un mouvement et communique aux atomes une puissance de resserrement d'autant plus grande que le refroidissement a été plus intense et proportionnel au degré de séparation (dilatation).

Ainsi, c'est l'énergie de position qui enfante les nébuleuses et leur permet de triompher jusqu'au bout de la force répulsive du calorique, qui croît à mesure que la condensation s'accentue. Pour former l'amas cosmique, il était donc indispensable que, par une *dilatation antérieure*, les atomes eussent fait provision de mouvement et se fussent assez écartés les uns des autres de manière à se refroidir énormément et à acquérir une énergie potentielle suffisante pour amener un rapprochement tel que des étoiles puissent être créées.

C'est à ce moment que le mouvement se convertit en chaleur et répand une clarté qui nous permet d'apercevoir les nébuleuses; les particules, en se resserrant, vibrent de plus en plus, et leur calorique, devenant en excès, rayonne sous forme de chaleur libre. La condensation se continue ainsi jusqu'à ce que l'énergie de mouvement se trouve vaincue par la force expansive; la condensation cesse alors; mais, auparavant, les particules se sont trouvées compactes dans la nébuleuse; un certain nombre d'entre elles ont perdu par le choc et le rayonnement assez de leur calorique intrinsèque pour que la force attractive soit devenue prépondérante chez elles et les maintienne désormais agglomérées; ce sont ces groupes qui se dessinent en centres lumineux; les étoiles ont pris naissance et s'accroissent par l'arrivée des atomes qui continuent à tomber en foule sur les centres déjà formés, pendant des périodes de temps incalculables avant que se produise le mouvement général de réaction.

Tous ces phénomènes s'expliquent clairement; mais le problème était difficile à résoudre, et cette concentration de matière, accompagnée d'une chaleur très-vive qui logiquement devait lui faire obstacle, était pour nous incompréhensible jusqu'à ce que nous eussions deviné qu'elle était le résultat forcé d'un balancement semblable à celui du pendule dans l'éther et avait été engendrée par un refroidissement antérieur excessif, qui était la contre-partie de l'échauffement.

Dilatation dans l'éther.

Froid prodigieux dû à l'action mécanique, c'est-à-dire disparition du calorique par sa conversion en mouvement.

Si la condensation des atomes est une source de chaleur, par contre leur séparation est une source de froid prodigieux.

En effet, pour rétablir les choses telles qu'elles étaient avant la concentration et séparer les atomes de nouveau, il faudrait leur restituer tout le calorique qu'ils ont émis pour se condenser, les réduire de l'état solide à l'état liquide, puis en gaz de plus en plus subtils, et enfin les isoler comme dans le principe, et cela ne suffirait pas encore; il faudrait de plus les séparer aussi fortement qu'ils l'étaient au moment de la chute, et on comprend quel calorique inouï devrait être employé dans ce but. L'action mécanique nécessaire pour ramener les particules à leurs places initiales et leur rendre ainsi leur énergie de position représente donc une force incalculable et équivaudrait à la dépense d'une chaleur fabuleuse. Cette action mécanique serait une source de froid incroyable, car, au lieu d'émettre du calorique comme dans la condensation, les atomes en absorberaient, pour tâcher de se remettre en équilibre, et comme ils ne pourraient le prendre que là où il se trouve, soit sur les globes de l'espace, il en résulterait sur ceux-ci un refroidissement dont rien ne peut donner l'idée.

Cette puissance incommensurable nous fait de plus comprendre l'intensité de la force qui a donné lieu à la formation des corps simples et pourquoi nous ne pouvons la reproduire pour les décomposer.

Tous les phénomènes de refroidissement dont nous venons de parler se produisent dans l'oscillation qui amène la dilatation du milieu éthéré lorsque la force expansive prend le dessus; le calorique disparaît en se convertissant en mouvement, tandis que dans la condensation le mouvement reproduit le calorique, qui augmente de plus en plus. Le froid devient excessif, et, *sans la lenteur de la dilatation*, laquelle en modère les effets, les résultats seraient destructeurs pour tout ce qui existe à la surface des planètes; *rien ne pourrait y résister*.

Nous sommes ainsi bien loin de la température excessive que Kant supposait à son chaos gazeux.

L'espace reste invariablement glacial, parce que non-seulement l'éther représente une matière gazeuse excessivement dilatée qui, tout en possédant beaucoup de calorique inhérent à ses atomes, n'a pas ses éléments assez resserrés pour que la température soit autrement que très-basse (il en est de même proportionnellement pour l'air raréfié des montagnes), mais de plus, la cause du refroidissement par la dilatation agit sans interruption, de sorte qu'une planète qui quitterait l'influence protectrice de la chaleur solaire éprouverait un froid tel que son noyau pourrait très-bien se solidifier plus ou moins profondément.

Une source de froid incessant existe donc dans l'espace, de même que le soleil ou toute étoile est une source de chaleur; le milieu n'est jamais à l'état d'équilibre parfait; sur certains points, ses particules se rapprochent et émettent du calorique en formant les nébuleuses et les étoiles; sur d'autres points, elles se séparent progressivement en prenant un état nouveau pour lequel leur calorique devient de plus en plus insuffisant; elles en exigent davantage et exercent une action absorbante.

L'éther est le réservoir des forces; aucune parcelle de calorique ne peut se perdre dans le milieu.

Que deviennent les torrents de lumière dégagée par le soleil et les autres astres rayonnants? La chaleur est-elle anéantie? Non, le calorique étant une force inhérente à la matière, cette force est éternelle et indestructible; seulement elle peut se déplacer; d'après la loi de la conservation de l'énergie, ce qu'un corps perd, un autre le gagne, et réciproquement. La chaleur mise en liberté est loin d'être perdue et profite à ces atomes innombrables dont l'espace est bondé et qui, obligés de se séparer pour obéir à la force mécanique qui est comme l'âme de la nature, manquent du calorique nécessaire à leur état de dilatation et cherchent à vibrer davantage pour se remettre en équilibre en soutirant, n'importe où, la chaleur dont ils ont une soif inimaginable et qu'ils ne peuvent satisfaire, la dilatation étant incessante.

La force se reproduit de nouveau par l'intermédiaire du calorique dépensé d'une part, mais recueilli de l'autre avec une précision mathématique par les atomes qui l'emmagasinent pour le restituer dans un avenir infiniment lointain, lorsque la condensation succédera à la dilatation; la lumière qui semblait perdue se retrouvera alors. En effet, les vibrations sont éternelles, et le calorique ne saurait se détruire; de l'éther, il se transmet aux nébuleuses et aux étoiles par le resserrement des atomes, et des étoiles il retourne dans le sein de l'éther par le rayonnement des astres. L'énergie se conserve donc indéfiniment, le milieu universel étant un réservoir commun où se recueillent toutes les forces disponibles et dans lequel ne peut se perdre la moindre parcelle de calorique. Tous les rayons qui n'ont pas été interceptés au passage par les astres le sont par l'éther, et la quantité en est prodigieuse, puisque la transmission s'affaiblit selon la loi du carré des distances; c'est l'éther qui profite de la différence.

Le froid est donc un agent indispensable pour faire naître la force mécanique, ainsi que le mouvement, concurremment avec le calorique. Il amène la réaction. Sans les oscillations de l'éther, sans la rupture de l'équilibre normal qui en est la conséquence, toute énergie, tout mouvement disparaîtraient; les étoiles ne pourraient être créées; la mort serait le symbole de l'immobilité dans la nature. Le mouvement issu de la rupture de l'équilibre au contraire en est la vie.

Les grandes condensations de la matière éthérée qui remplit l'espace sont d'une lenteur fabuleuse, et un seul balancement remonte à une antiquité telle qu'une série de chiffres ne peut en représenter la valeur. Dans les phénomènes cosmiques, le temps reste inappréciable, et des milliards de siècles ne sont qu'un point en présence de l'éternité. Ces mouvements si lents ne sont pas les seuls; d'autres mouvements secondaires plus rapides se font *sous les attractions mêmes des étoiles*, combinées avec une induction électrique, et c'est grâce à eux que la clarté des astres lumineux peut être entretenue permanente à travers les âges. Nous consacrerons un chapitre spécial à l'étude de ce phénomène grandiose, et nous arriverons à comprendre la cause de la lumière astrale et à soulever le voile qui couvre ce mystère impénétrable. Nous pensons avoir entrevu les causes de ce mécanisme admirable, dont nous donnerons la solution la plus rationnelle.

Mécanisme d'une nébuleuse pour la création des étoiles. Ce que devient l'amas cosmique.

D'après ce que nous avons expliqué du mécanisme qui fait condenser et dilater tour à tour les atomes de l'éther par une oscillation semblable à celle du pendule sur différents points de l'espace, il est évident qu'une faible partie de ces atomes relativement à la masse totale est absorbée pour la création des astres; en effet, la concentration cesse lorsque l'équilibre est par trop dérangé, et l'excès de l'échauffement dans l'amas finit par ramener les particules en arrière en les forçant à se séparer de nouveau.

Voici l'effet du mécanisme. La force acquise par suite de l'énergie potentielle à l'époque de la dilatation antérieure amène une portion des atomes au contact et fait naître des centres d'attraction. Ces atomes restent agglomérés, parce qu'ils ont pu se défaire de leur calorique intrinsèque en le faisant rayonner avec une grande intensité; mais le reste de l'amas n'est pas parvenu à se condenser à ce point, et le contact ne peut se faire pour deux raisons : la première, c'est que la nébuleuse s'est convertie à la fin en une matière gazeuse dont la concentration progressive a fait surgir une chaleur énorme qui s'oppose à une agglomération plus prononcée; la seconde raison, c'est qu'à cette chaleur déja excessive est venue s'ajouter celle des groupes en formation qui mettent leur calorique en liberté par le choc des atomes lors de leurs combinaisons, et cela au profit des gaz environnants. La force expansive s'accroît en conséquence dans l'amas cosmique, et acquiert un degré tel à un moment donné que les atomes sont obligés de cesser leur mouvement de concentration et de se séparer de plus en plus; ils retournent donc dans les profondeurs de l'espace par un reflux égal au flux qui les avait amenés. Quand ils reviendront de nouveau dans un avenir fabuleusement lointain, il y aura longtemps que les étoiles, animées d'un mouvement de translation, auront quitté le lieu où elles ont été enfantées.

Nous ne serons nullement surpris que les astres ne soient qu'un faible résidu de l'amas formé dans le sein de l'éther, si nous réfléchissons à son extrême densité, poussée si loin que les nébuleuses nous apparaissent comme des gaz enflammés, et si nous considérons que, nonobstant cette densité, les gaz de la nébuleuse n'engendrent que des points lumineux, points d'une petitesse extrême relat vement à la distance qui les sépare les uns des autres. Supposons tout l'espace compris non seulement entre le soleil et l'étoile la plus voisine, mais jusqu'aux dernières limites de la voie lactée, rempli d'une matière gazeuse aussi compacte que celle d'une nébuleuse : il est plus qu'évident que la condensation totale d'une pareille quantité de matière dont les éléments sont si rapprochés aurait donné lieu à un phénomène d'une bien autre importance que la production de ces petits points lumineux semés çà et là à des distances inouïes les uns des autres et qui ne sont en somme que de simples gouttes incandescentes tombées du fleuve immense qui a traversé les plaines du ciel.

Voici donc comment les choses se sont passées. Les premiers atomes qui se sont trouvés en contact dans leur chute se sont unis et ont servi de points de ralliement à ceux qui les suivaient ; ils se sont agglomérés sans cesse pendant une période incalculable, jusqu'à ce que, la condensation générale de l'amas devenant trop accentuée et le resserrement des particules trop grand, une chaleur excessive s'est développée dans la masse des éléments non encore parvenus au contact ; en même temps, la chute continuelle sur les centres d'attraction mettait en liberté par le choc et la condensation des atomes, ainsi que par leurs combinaisons, un calorique incommensurable qui, se rejetant sur la matière gazeuse environnante déjà portée à un degré d'échauffement inouï par son resserrement progressif, lui a donné l'impulsion définitive pour la faire retourner peu à peu dans l'espace en augmentant la force expansive et en l'exaltant. Le nuage cosmique se dissipe donc lentement et ne laisse à sa place que les points lumineux ou étoiles.

Les nébuleuses ne sont visibles que lorsqu'elles se condensent, à cause du calorique qui s'en dégage et nous permet de les apercevoir. Aussitôt que se produit le mouvement de desserrement, toute lumière disparaît dans ces gaz, car la chaleur est absorbée par l'effet de la dilatation, et les télescopes ne peuvent plus les distinguer à la distance infinie où ils se trouvent. Le rayonnement n'a lieu que lors d'une condensation de la matière; si elle se dilate, il y a action absorbante et non rayonnement. Voilà pourquoi les nébuleuses résolubles ne nous montrent plus que des amas d'étoiles; les gaz qui s'y dilatent, s'ils y existent encore, ne sont plus visibles.

III

NATURE DE L'ÉLECTRICITÉ

L'ÉLECTRICITÉ EST UNE MODIFICATION ATOMIQUE TEMPORAIRE OU CHANGEMEMT DE LA DENSITÉ D'UNE MOLÉCULE EN PLUS OU EN MOINS QUE NE LE VEUT SA CAPACITÉ CALORIFIQUE. — CES DEUX MODIFICATIONS INVERSES SONT PERMISES PAR UNE ÉLASTICITÉ PROPRE AUX MOLÉCULES ET DÉTERMINÉES PAR UNE TRANSMISSION AU CONTACT DE LEUR CALORIQUE INTRINSÈQUE SOUS UNE FORCE ÉLECTRO-MOTRICE OU MÉCANIQUE. — LA RÉACTION ÉNERGIQUE DE LA MATIÈRE CONTRE TOUT CHANGEMENT APPORTÉ AU RAPPORT ENTRE LES DENSITÉS MOLÉCULAIRES ET LEURS CHALEURS SPÉCIFIQUES DÉTERMINE L'ÉTAT ÉLECTRIQUE QUI CONSISTE EN UNE ATTRACTION POUR RÉTABLIR L'ÉTAT NORMAL DÉRANGÉ OU EN UNE RÉPULSION CONTRE UNE PLUS GRANDE RUPTURE DE L'ÉQUILIBRE NATUREL.

Nous ne pouvons aborde" les phénomènes qui ont trait au renouvellement de la lumière du soleil, sans approfondir ceux qui se rapportent à l'électricité et au magnétisme, à cause du rôle considérable qu'y jouent ces deux agents. La théorie que nous allons présenter au lecteur au sujet de ce fluide mystérieux rend si bien compte de tous les faits, quels qu'ils soient, qu'elle ne saurait ne pas être l'expression de la vérité ; nous en avons la conviction, et nous espérons que nos aperçus seront utiles à la science.

Nous savons que toute force provient d'une rupture d'équilibre et que, sans un dérangement de l'état normal, l'immobilité et la mort régneraient dans l'univers. Les mouvements mécaniques des atomes éthérés, la production de chaleur et de lumière qui en est la conséquence ont leur source dans cette loi fondamentale.

L'électricité elle-même ne saurait faire exception à la loi, et elle provient évidemment de la rupture d'un équilibre dans la matière, rupture qui amène une modification spéciale dans ses molécules; c'est-à-dire que le dérangement de leur état normal fait surgir une force se traduisant en deux états moléculaires inverses et complémentaires l'un de l'autre, qui s'annulent réciproquement lorsque l'équilibre se rétablit (électricité neutre).

Ce sont de simples mouvements qui s'opèrent dans l'intérieur de la matière et lui donnent un état électrique ou modification temporaire et non des fluides impondérables réellement combinés avec elle, bien que les phénomènes se comportent comme si deux fluides particuliers existaient , tantôt se séparant , tantôt se réunissant; mais ces fluides ne sont qu'une illusion.

L'hypothèse de deux électricités contraires ne s'accorde pas avec la manière de voir actuelle des physiciens au sujet de fluides impondérables. Déjà on a été conduit à considérer le calorique non comme un fluide véritable, mais bien comme un mouvement vibratoire plus ou moins intense exécuté par les molécules. Or cette découverte importante perdrait la moitié de sa valeur si elle ne pouvait être généralisée et appliquée également à l'électricité. Si un fluide n'est en réalité qu'un mouvement de la matière, il faut prouver qu'il ne saurait y avoir d'exception et que les deux électricités sont aussi des mouvements.

C'est ce que nous allons faire. Disons en outre que l'obscurité ne se dissipe pas dans le phénomène par l'admission des deux fluides de Symmer. Quelle est leur nature? Pourquoi ont-ils une si grande affinité l'un pour l'autre et s'accompagnent-ils en proportion précisément égale? Pourquoi leur réunion les fait-elle si bien disparaître qu'on n'en trouve plus de vestiges? Pourquoi encore deux fluides semblables se repoussent-ils si énergiquement? Quel est leur rôle enfin dans la substance?

A ces questions ne peut être faite aucune réponse satisfaisante; mais, si nous considérons que l'électricité consiste nonen deux fluides impondérables, mais en deux mouvements moléculaires inverses, alors le problème s'éclaircit et tout s'explique. C'est un équilibre qui se dérange, puis se rétablit, et la matière oppose une résistance très-énergique à la rupture de son état normal (accord de sa densité atomique avec sa capacité calorifique). Cette réaction de la matière nous donne la cause de l'attraction entre deux fluides contraires, puisque les molécules cherchent toujours à revenir à leur état normal que rétablit la réunion des deux électricités; nous comprenons aussi la cause de la répulsion entre deux fluides semblables, car réunis ils dérangent davantage l'équilibre, ce à quoi la matière s'oppose fortement, et le même degré d'intensité se montre dans l'une et l'autre action. Les deux modifications produites sont donc égales, inverses et complémentaires, comme lors de toute rupture d'équilibre qui donne naissance à deux forces simultanées et contraires.

Quant à leur rôle dans la substance, nous le verrons plus loin dans les combinaisons chimiques.

Il est évident ue les fluides électriques ne peuvent être que des modifications moléculaires, nature particulière du mouvement. Connaissant la composition de l'éther, qui ne renferme que des atomes homogènes et du calorique, il n'y a pas place pour d'autres fluides.

Nous allons décrire la nature de ces mouvements; mais nous ferons d'abord remarquer un phénomène qui nous donne la confirmation la plus complète que les mouvements sont en réalité des changements de densité moléculaire; l'électricité ne se développe jamais qu'entre deux corps hétérogènes, c'est-à-dire n'ayant ni la même densité ni la même capacité calorifique et pouvant se modifier l'un par l'autre sous une force électro-motrice et grâce à une élasticité naturelle à la matière.

Rupture de la grande loi d'équilibre.

Condensation atomique. — Les deux fluides inverses. — Élasticité des molécules. — Le calorique latent.

Nous savons que les molécules d'un corps se rapprochent ou se séparent selon l'intensité de la chaleur, et que la rupture de l'équilibre calorifique donne lieu ainsi à deux mouvements contraires. Or ces phénomènes de rapprochement ou de séparation des molécules qui forment par leur agglomération l'ensemble d'un corps, ne sont pas les seuls que nous devions considérer dans la matière, dont les propriétés sont si variées. Il est un autre ordre de faits bien plus importants que nous révèle la chimie : c'est celui de la *condensation atomique*, qui est liée intimement au calorique ; c'est-à-dire qu'une molécule dense renferme moins de calorique intrinsèque (combiné) qu'une molécule peu dense. De là leurs chaleurs spécifiques différentes, qui sont en effet en raison inverse de leurs poids atomiques et se traduisent par les nombres proportionnels thermiques [1]. Nous verrons tout à l'heure quel rôle majeur joue dans le phénomène ce calorique combiné pour faire naître la force électromotrice et par là amener les mouvements ou modifications moléculaires.

Deux substances hétérogènes n'ont pas la même

1. Ces phénomènes s'accordent parfaitement avec ce que nous avons dit au sujet des atomes éthérés, qui perdent d'autant plus de calorique combiné qu'ils se condensent davantage.

densité atomique; ici, nous ne parlons pas de l'état plus ou moins compacte des molécules et de leur nombre dans un corps, mais bien de la constitution d'une particule prise isolément, constitution qui fait la diversité des corps simples et de leurs composés et est représentée par la formule des équivalents chimiques. L'essence et les propriétés de chaque substance sont déterminées par la combinaison d'atomes éthérés plus ou moins condensés qui forment une molécule ou groupe de ces atomes unis ensemble; cette condensation moléculaire est donc un phénomène de la plus haute importance, et, comme les particules sont douées *d'une certaine élasticité*, c'est-à-dire que leur condensation peut se modifier en plus ou en moins dans des limites fixées par la résistance de la matière elle-même, les plus petits mouvements qui résultent des modifications de la densité devront se traduire, quelque inappréciables qu'ils soient, par l'apparition de deux fluides énergiques et de nature contraire, autrement dit par l'augmentation et la diminution simultanées de la densité atomique sur deux corps hétérogènes qui, par suite d'une force électromotrice, peuvent se céder l'un à l'autre une partie de leur calorique combiné et par ce moyen modifier leurs densités en cherchant à se rendre semblables. Les deux substances hétérogènes représentent en effet deux éléments dont l'équilibre commun est pour ainsi dire dérangé, puisqu'elles n'ont pas la même densité et ont des chaleurs spécifiques différentes; elles tendent donc à rétablir cet équilibre en devenant homogènes et en prenant un arrangement moléculaire identique. L'affinité chimique est liée intimement à cette vertu, mais est toutefois subordonnée à la faculté de la transmission du calorique latent, sans lequel aucune modification ne peut s'effectuer; or tous les corps n'ont pas la même disposition à céder leur calorique intrinsèque ou à en recevoir davantage, et l'affinité chimique est plus ou moins énergique selon les diverses matières en présence. Ainsi la grande différence des densités ne suffit pas pour amener une combinaison prompte, comme on serait tenté de le croire à première vue.

Toutes les réflexions que nous avons faites au sujet de l'électricité et l'observation attentive des faits nous ont convaincu que les deux fluides naissent d'une rupture de l'équilibre des molécules considérées isolément, lesquelles sont douées d'une élasticité propre qui leur permet de modifier leurs densités atomiques soit en plus, soit en moins, et cette élasticité n'est limitée que par la résistance de la matière, comme nous venons de l'expliquer; la matière, ayant toujours une tendance à revenir à son état normal lorsqu'il est dérangé, oppose également une résistance énergique au dérangement de son équilibre.

La force électromotrice.

Cette force amène la cession du calorique latent entre deux corps hétérogènes et en empêche la restitution quand ils sont combinés.

Une force électromotrice ne peut naître qu'entre deux substances hétérogènes disposées à un échange de leur calorique latent, l'une par émission et l'autre par absorption. Certaines circonstances peuvent vaincre la résistance naturelle des molécules et les forcer à cet échange : tels sont le frottement, la variation de la température et l'ébranlement qui en résulte dans les particules, etc. Il se développe alors une force mécanique, *sous la propagation inégale de la chaleur libre*, laquelle excite les atomes à se transmettre une portion de leur calorique combiné; en un mot, elle permet à la puissance de l'hétérogénéité (tendance à établir un équilibre commun entre deux substances) de l'emporter sur la réaction opposée par la matière contre la rupture de son état normal.

Dans deux corps dissemblables en présence, la constitution des molécules n'est pas la même; les unes sont peu denses et possèdent plus de calorique latent que les autres, qui sont plus denses. Lorsque l'ébranlement ou force mécanique se produit, les éléments qui renferment plus de calorique en cèdent une partie à ceux qui en ont moins; les premiers, qui étaient peu denses (dilatés relativement aux autres), *se contractent*, car les modifications sont toujours proportionnelles à la quantité des vibrations combinées avec la particule, et alors ils deviennent *négatifs;* les seconds au contraire, qui étaient plus denses, *se dilatent* et prennent le fluide *positif;* ce sont donc ces contractions et dilatations des molécules, autrement dit mouvements en sens inverse, qui donnent aux corps leur état électrique; mais, comme il ne leur est pas naturel et ne s'accorde pas avec leurs propres chaleurs spécifiques, ils tendent énergiquement à revenir à leur état primitif dès que cesse la force mécanique ou électromotrice qui les violente; ils exercent en conséquence une induction sur les substances voisines, afin de leur repasser le calorique latent qu'ils ont acquis en trop, ou de leur soutirer celui qu'ils ont perdu. En se débarrassant au profit d'un corps voisin du calorique latent en excès ou en leur prenant celui qui leur fait défaut, les éléments électrisés reviennent à leur état normal; l'échange se traduit par une étincelle d'autant plus vive que la mauvaise conductibilité du milieu intermédiaire présente un obstacle au passage du calorique latent et augmente la tension sur la matière électrisée (c'est la tension qui permet de vaincre l'obstacle présenté par le mauvais conducteur).

La force électromotrice qui se développe au contact entre deux substances hétérogènes, non seulement les oblige à une cession de leur calorique intrinsèque, mais les empêche de se le restituer; aussi, dans une combinaison chimique, les deux corps qui ont créé une substance nouvelle par leur union conservent les modifications anormales tant que persiste la combinaison ; les deux fluides se neutralisent, comme de chaque côté d'un condensateur, sur les molécules combinées ; en réalité, deux ressorts se sont tendus à la fois et maintiennent les atomes hétérogènes soudés les uns aux autres, et ces ressorts puisent leur force dans la réaction de la matière ou tendance à revenir à son équilibre naturel.

Comme, dans la condensation atomique, il s'agit d'une puissance très-grande, l'équilibre d'une molécule ne peut se rompre que temporairement (à moins d'une union chimique, à cause de la force électromotrice constante), et la résistance présentée par la matière à son dérangement s'accroît à mesure que les modifications deviennent plus grandes ; de là une *tension* et par suite une force de réaction plus vive pour rétablir l'état normal. Il arrive inévitablement que la tension ne peut plus être maîtrisée, à un certain moment ; elle renverse tous les obstacles et les brise pour faire recombiner les deux fluides ; c'est-à-dire que les éléments dérangés de leur condensation normale constituent deux ressorts inverses qui finissent par se détendre l'un par l'autre, lorsque la force perturbatrice qui torture la matière devient trop exagérée.

Force coercitive moléculaire.

Elle empêche le calorique latent d'un atome de rayonner et de se changer en chaleur libre. — Ce calorique ne peut que se transmettre au contact de molécule en molécule.

Une molécule matérielle est douée d'un calorique dit latent (combiné intimement avec elle) ; la quantité de ce calorique intrinsèque détermine son degré de condensation atomique, qui augmente si les vibrations naturelles diminuent, ou devient moins puissante si au contraire les vibrations prennent de l'intensité. Il existe ainsi un lien intime entre la particule et son calorique latent, et, comme elle présente toujours une résistance contre le dérangement de son état normal, elle possède nécessairement une force coercitive qui s'oppose à la sortie de ses vibrations ou à l'entrée d'une plus grande quantité. C'est grâce à cette force coercitive que le calorique latent ne peut rayonner et se changer en chaleur libre.

Il y a en conséquence une ligne de démarcation très-nette entre le calorique combiné avec la molécule et celui qui maintient les particules groupées à leurs distances respectives; ce dernier devient libre quand la matière est contractée mécaniquement et la quitte, ou y rentre si on la dilate [1].

1. On peut cependant dire que le corps possède une somme de calorique unique, mais qu'il ne permet l'entrée ou la sortie libre que d'une quantité proportionnelle à l'intervalle entre les molécules; le reste se maintient à l'état latent.

Les deux forces sont distinctes et ne sauraient se confondre: c'est une loi nécessaire, car, si elles pouvaient se transformer l'une en l'autre, les deux phénomènes n'auraient plus d'existence à part, et il n'y aurait pas de frontières entre eux. Or, comme ils sont indépendants et bien tranchés, il en résulte que les deux espèces de calorique (celui qui maintient l'intervalle entre les molécules, et celui qui fixe leurs densités atomiques) ne doivent pas se conduire l'un comme l'autre. Le premier rayonne et se transmet de corps en corps; le second est proportionnel à la capacité atomique et ne peut se transmettre qu'au contact de molécule en molécule quand la densité se modifie. Il est donc latent et n'a aucun motif de cesser d'être latent, puisque, quand les densités changent, l'une des particules se dilate, en même temps que l'autre se contracte; par cette double opération simultanée, il reste toujours proportionnel aux capacités moléculaires prises dans leur ensemble. C'est là le motif pour lequel il ne rayonne pas.

Le lecteur comprendra facilement la nécessité de cette loi, car, si le calorique combiné n'obéissait pas à la force coercitive moléculaire qui l'empêche de se rendre libre, il n'y aurait plus de condensation atomique, laquelle est si importante pour déterminer les diverses propriétés de la matière; les substances dissemblables ne sauraient se maintenir telles dans la nature, et les corps simples et composés ne conserveraient pas leur individualité. La molécule obéit donc à une loi de conservation en empêchant par sa force coercitive le rayonnement de son calorique latent; celui-ci ne peut que se déplacer au contact et dans certaines circonstances, sous une force mécanique ou électromotrice et à l'aide de l'élasticité naturelle des particules; mais ce déplacement est limité et trouve un obstacle de plus en plus insurmontable dans la réaction déployée par la matière contre le dérangement de son équilibre. En résumé, il se forme des ressorts pour permettre l'union des corps hétérogènes; mais l'élasticité moléculaire, poussée trop loin, ne se prête plus à la transmission et rencontre une barrière infranchissable dans la force de tension sous laquelle les molécules se détendent brusquement les unes par les autres (rétablissement de l'électricité neutre).

Mais si les deux caloriques ont une existence à part, parce que les molécules ont une grande force coercitive et que le corps pris dans son ensemble n'en possède que peu ou pas, leur similitude réelle nous est prouvée par leur transformation accidentelle (lumière produite par les machines d'induction) et par leur manière de se conduire. En effet, une substance se contracte ou se dilate quand on lui enlève sa chaleur ou quand on lui en communique une plus considérable; par contre, elle chasse sa chaleur si on la comprime mécaniquement, ou absorbe le calorique étranger quand on la force à se dilater. Il en est tout à fait de même pour une molécule prise isolément. Lorsqu'elle se dilate ou se contracte, elle enlève à sa voisine son calorique intrinsèque ou se défait du sien en sa faveur; réciproquement, une molécule se dilate quand elle reçoit de sa voisine un calorique latent anormal, ou se contracte si elle est obligée de lui céder le sien.

Ces mouvements sont, il est vrai, entièrement imperceptibles et inappréciables sur la matière, *tant la variation de la condensation atomique est faible à côté de l'intervalle qui sépare chaque particule l'une de l'autre,* et nous seraient complètement inconnus s'ils ne nous étaient révélés par la puissance des deux ressorts qui se tendent en proportion de la perturbation amenée dans l'équilibre moléculaire, laquelle se traduit en attractions et répulsions en vertu de la force réactive de la matière.

Il ne faut pas que le lecteur se trompe : l'électricité ne consiste nullement dans le calorique intrinsèque qui passe de molécule en molécule au contact par la force électromotrice; l'erreur, à ce sujet, serait grave; l'électricité surgit par les deux modifications inverses de la densité atomique, contraction et dilatation, modifications qui provoquent une réaction dans la matière et donnent par cette vertu particulière l'état dit électrique; le calorique latent n'est pas le phénomène, mais le détermine seulement, en faisant naître les ressorts qui acquièrent leur grande puissance, parce que la présence des vibrations anormales est contraire aux capacités calorifiques des atomes.

Il faut donc se garder de confondre les deux phénomènes. Il y avait du vrai dans la théorie de Franklin, puisque le calorique latent se transmet du plus au moins dans la recombinaison; mais la théorie de Symmer est plus vraie encore, car ce n'est pas le calorique qui constitue le phénomène; ce sont les densités moléculaires qui se modifient *et font réagir la matière contre le dérangement de son équilibre naturel;* de là deux fluides différents. Quand l'un d'eux se dissipe par conductibilité, les phénomènes visibles sont exactement les mêmes pour l'une et l'autre électricité, car ce sont des molécules qui se débarrassent de leur contraction ou de leur dilatation anormale. Quant au calorique, on sait que ce fluide est trop subtil pour que son passage soit le moins du monde constatable, soit à l'entrée, soit à la sortie; le calorique ne se fait jamais connaître que par les sensations de chaleur ou de froid que nous transmet la matière; or, comme il ne rayonne pas dans son mouvement pour faire condenser ou dilater les atomes, nous n'éprouvons même pas ces sensations, et son mouvement nous échappe entièrement, excepté lors d'une recombinaison électrique à travers un mauvais conducteur, à cause de l'ébranlement que celui-ci éprouve à un degré excessif.

Électricité développée par les actions chimiques.

La force électromotrice maintient les combinaisons en s'opposant à la restitution du calorique latent.

Quand deux substances hétérogènes se sont unies pour créer un être nouveau, les affinités ont été satisfaites plus ou moins par le mouvement de calorique intrinsèque qui s'est fait de l'une à l'autre. Il en est résulté une contraction d'une part et une dilatation d'autre part, simultanément dans leurs molécules, et par suite a surgi une force inductrice qui empêche l'union de se détruire, à moins que dans une circonstance exceptionnelle le calorique latent ne soit restitué par le corps qui l'a reçu à celui qui l'a cédé, ou que d'autres éléments servent de réactifs en intervenant pour rendre les particules à leur état naturel, parce qu'ils leur apportent ou leur enlèvent le calorique qui leur fait défaut ou qui est en trop de leurs chaleurs spécifiques. La pile peut agir dans ce sens aussi bien que les réactifs. L'affinité dépend donc de la vertu des corps hétérogènes en présence pour se transmettre leur calorique latent, et cette vertu n'est pas la même d'une substance à l'autré.

Nous pensons que le lecteur nous comprend bien. Des deux corps qui se sont unis, l'un était auparavant plus dense que l'autre, à cause de leur hétérogénéité; mais ils étaient tous deux à leur état naturel ou d'équilibre, c'est-à-dire en harmonie avec leurs chaleurs spécifiques. Dans cet état, ils ne peuvent se combiner, puisqu'ils ne sont pas électrisés; mais alors intervient la force électromotrice qui met le calorique en mouvement; le corps qui en possède le plus en cède une partie à celui qui en contient le moins, et leurs densités se modifient; étant donc par là électrisés, leur union se fait avec une énergie proportionnelle à l'induction ou, ce qui revient au même, à la quantité de calorique mis en mouvement, la tension étant plus ou moins vive selon cette quantité [1].

En se combinant, les deux corps sont devenus moins hétérogènes, et leurs molécules unies forment autant de couples voltaïques, dont la force électromotrice de contact leur permet de rester soudées sans pouvoir se restituer leur calorique cédé, ce qui détruirait la combinaison. Les deux molécules hétérogènes modifiées et accouplées agissent donc comme si leurs deux électricités contraires étaient séparées et dissimulées de chaque côté d'un condensateur. Cependant, ainsi que nous l'expliquerons tout à l'heure, par suite de la tendance à se remettre en équilibre et en vertu d'un phénomène semblable à celui d'une bouteille de Leyde dont les deux parois sont mises en communication à l'aide d'un excitateur, les particules, électrisées à l'état latent et unies dans une combinaison chimique, peuvent céder ou soutirer à des atomes voisins à l'état

1. Naturellement ce qui se passe dans l'union entre deux molécules est le même phénomène pour des combinaisons d'un atome avec deux, trois, etc. La densité de cet atome fait équilibre à la densité moindre des deux, trois autres, et les fluides également.

naturel et non encore disposés en couples voltaïques le calorique intrinsèque que l'une a en trop et l'autre en moins. Ces atomes, à leur tour, ont leur équilibre rompu par la perte ou l'acquisition de vibrations en désaccord avec leurs chaleurs spécifiques, et s'électrisent, puis retombent aussitôt à l'état neutre s'ils trouvent d'autres molécules pour leur repasser ou leur prendre par conductibilité ces vibrations anormales, et ainsi de proche en proche jusqu'aux dernières, qui, ne trouvant pas à se détendre, restent seules électrisées. Tel est le phénomène qui se produit par la conductibilité des métaux, zinc et cuivre, dans une pile dont les pôles, n'étant pas en communication, se chargent d'électricité : nous reparlerons de ce phénomène.

Les densités anormales acquises ne sont qu'une perturbation momentanée, autrement dit des ressorts toujours prêts à se détendre, comme une tige d'acier qui cherche à se redresser après avoir été courbée. Elles se maintiennent dans une combinaison ; mais, dès que celle-ci se défait, chaque élément reprend sa condensation naturelle ; les deux ressorts se détendent à la fois, et des fluides inverses des premiers surgissent ; ces fluides contraires proviennent de ce que les molécules, en se séparant, cèdent ou reprennent le calorique latent qu'elles avaient acquis ou perdu lors de la combinaison, et cela se fait au profit ou au détriment de particules voisines ; de là des fluides inverses. Le phénomène est interverti et donne l'exacte répétition en sens contraire de toutes les actions produites par l'union.

Dégagement de chaleur dans une combinaison chimique.

Chocs des molécules sous l'induction. — Jeu de la force électromotrice après le retour à l'état neutre.

Les combinaisons chimiques sont la source d'une chaleur proportionnelle à l'énergie de l'union. Nous allons tâcher d'expliquer ce phénomène mystérieux, dont nous pensons avoir trouvé la cause probable.

Deux séries d'atomes hétérogènes A, B, C, D et E, F, G, H, dont les uns au moins sont libres de leurs mouvements, sont en présence, et A peut arriver en contact avec E.

L'atome A, plus dense que l'atome hétérogène E, cherche à s'équilibrer avec lui pour s'unir si les circonstances s'y prêtent, telles que l'ébranlement dû à une variation de température ou force mécanique qui oblige le calorique intrinsèque de E, plus considérable que celui de A, à se mettre en mouvement et à se rendre dans ce dernier. Cette action fait contracter E et dilater A; dérangés tous deux de leur équilibre naturel, ils se sont électrisés, forment deux ressorts et restent unis par suite de leur tension ou tendance au rétablissement de l'état normal, qui attire l'un vers l'autre chaque élément électrisé différemment. Ces modifications persisteront tant que subsistera l'association chimique, et la force électromotrice, les contraignant à échanger leur calorique latent, les empêche de retomber à l'état neutre en se détendant mutuellement. Ils constituent un couple voltaïque; mais la tendance au rétablissement de l'équilibre rompu n'en existe pas moins pour chacun des éléments modifiés, et, comme d'autres molécules à l'état naturel se trouvent en contact avec eux, aussitôt se manifeste ce phénomène dont nous avons parlé et comparé à une bouteille de Leyde dont les parois sont mises en communication par un excitateur.

D'un côté, B est voisin de A électrisé (dilaté); celui-ci cherche à revenir à son état normal et envoie à B son calorique latent en excès; de l'autre côté, F se trouve également voisin de E électrisé (contracté), lequel, pour reconstituer son équilibre, enlève à F son calorique intrinsèque. Par suite de ce phénomène, A et E retombent momentanément à l'état neutre, mais n'y restent pas, car la force électromotrice agit de nouveau avec énergie sur eux pour les saturer en les obligeant à se transmettre encore leur calorique latent; ils reprennent donc leurs modifications électriques, qu'ils conservent définitivement, parce que pendant ce temps B et F, attirés mutuellement par l'induction due à leurs fluides contraires, se sont portés l'un vers l'autre.

Il faut évidemment une induction pour déterminer un mouvement de la part d'atomes qui ne sont pas encore en contact; leur mouvement ne s'expliquerait pas sans cela; or cette induction est engendrée par le calorique intrinsèque que les premières molécules ont soutiré ou cédé momentanément aux secondes, comme nous venons de l'expliquer, et dès lors le phénomène se continue sans interruption par le même procédé.

En effet, B et F, s'étant électrisés au moyen du calorique latent reçu d'un côté et cédé de l'autre par les deux premiers atomes unis A et E, exercent mutuellement une induction qui leur permet de quitter le voisinage de ceux-ci et d'arriver au contact immédiat. C'est à ce moment que *se dégage la chaleur* par la violence du choc qui résulte de l'énergie de l'induction, et par la recombinaison des deux fluides contraires au moment du choc entre les deux molécules qui s'unissent immédiatement. Le choc est la conséquence d'un mouvement rapide arrêté brusquement et qui se métamorphose en calorique libre ; or nous avons vu au sujet des phénomènes de l'éther que le calorique disparaît lorsqu'il se convertit en mouvement, mais qu'il reparaît aussitôt que le mouvement rapproche à son tour les atomes. Dans l'union des deux molécules, il se fait un rapprochement dont l'énergie est proportionnelle à celle de l'induction; alors le choc se produit, en même temps que se fait la recombinaison des deux fluides électriques. Toutes ces actions se traduisent par un calorique dont l'intensité est en rapport avec la vitesse de la combinaison chimique ; ce calorique mis en liberté sort du sein de la matière.

Après le choc et l'étincelle qui en résulte, B et F sont retombés à l'état neutre; mais alors intervient la force électromotrice de contact, qui les oblige à se transmettre leur calorique latent, comme l'ont fait avant eux A et E. Le phénomène suit son cours, et les choses se passent exactement de même pour les particules qui suivent. C et G s'induisent en s'électrisant par le calorique latent que leur cèdent momentanément B et F ou que ceux-ci leur soutirent; ils se portent un choc violent et recombinent leurs fluides en retombant à l'état neutre; puis intervient encore la force électromotrice qui les oblige à rester unis. Enfin arrive le tour de D et G. Le dégagement de chaleur ne cesse pas aussi longtemps qu'il y a des éléments non encore combinés.

La chaleur est l'indice et la conséquence d'une union chimique; tant que subsiste une différence de chaleur à échanger entre deux substances, une combinaison peut s'effectuer, comme l'a constaté M. Berthelot dans son beau *Traité sur la thermochimie;* cette chaleur prouve en effet que la force électromotrice est toujours agissante, qu'il existe encore une différence de densité pouvant se modifier, et que par conséquent le calorique latent a la propriété de se mettre en mouvement.

Dégagement de l'électricité par la pile.

La communication des pôles ne permet pas la saturation. — Les molécules retombent sans cesse à l'état neutre, mais la force électromotrice les oblige à une nouvelle cession de leur calorique latent.

Une pile est la source d'un grand dégagement d'électricité ; elle exalte la force électromotrice, à cause de la communication des pôles, et ne permet pas aux éléments hétérogènes de se saturer par la cession du calorique latent, pendant la combinaison chimique.

Considérons que les molécules A et E, B et F, C et G, etc., sont contractées et dilatées, unies deux à deux et forment autant de petits couples voltaïques. La cession du calorique latent a pour limite la saturation des deux éléments hétérogènes ; mais si, dans une pile, les pôles communiquent ensemble, la saturation ne peut jamais s'effectuer, à cause de la conductibilité des couples métalliques, zinc et cuivre, et de leur force électromotrice propre.

E a cédé à A son calorique intrinsèque ; mais A n'est pas satisfait par cette transmission, car il n'a pas gardé le fluide et est tombé à l'état neutre en le cédant au couple voltaïque formé des deux métaux, de telle manière que de proche en proche le calorique combiné a été envoyé vers le pôle positif de la pile ; A exerce en conséquence une nouvelle action sur E, qui pour le contenter est obligé d'agir sur le pôle négatif, afin d'en attirer le calorique latent nécessaire, qui y revient par le fil.

De son côté, E agit pour sa contraction tout à fait de même que A pour sa dilatation; retombant chaque fois à l'état neutre par la communication des pôles, il n'est jamais saturé et exerce son action sur A, de telle sorte que la transmission du calorique intrinsèque est continuelle d'un élément à l'autre, et les fluides se pressent vers les électrodes.

Au pôle positif sont les molécules dilatées (ayant trop de vibrations latentes, et au pôle négatif les molécules contractées (n'en ayant pas assez), et par une succession de recombinaisons dans le fil elles s'y détendent réciproquement. Si nous étudions attentivement le phénomène, nous remarquerons que le calorique intrinsèque envoyé par le travail de la pile vers le pôle positif revient en même quantité vers le pôle négatif pour reconstituer l'état neutre à chaque transmission, car, si A exerce une action incessante sur E pour lui soutirer son calorique latent, E ne peut réparer cette perte qu'en accaparant celui qui revient au pôle négatif par le fil. Nous découvrons ainsi la cause même du passage continuel de l'électricité, et nous savons également que la recombinaison se fait dans tout le parcours du conducteur, puisque les particules dilatées y agissent sur les particules contractées et se détendent mutuellement.

Comme nous l'avons dit, il ne faut pas confondre le mouvement du calorique, cause déterminante du phénomène, avec les modifications moléculaires, qui sont le véritable phénomène. Il est bien vrai qu'on peut suivre par le raisonnement le mouvement du calorique, car d'une part des molécules se débarrassent de leurs vibrations en excès en les envoyant dans le fil, et d'autre part des particules vont précisément y puiser en même quantité celles qui leur font défaut pour revenir à l'état normal. Or, envoyer le fluide négatif à un pôle, c'est en réalité y appeler le fluide positif, et le sens du courant traduit la différence de constitution qui existe entre les deux fluides, l'un étant actif et l'autre passif (grande loi de la nature à laquelle se relient évidemment une multitude d'autres phénomènes).

L'essence du mouvement nous est donnée par le courant qui consiste dans une détente perpétuelle entre deux groupes d'atomes, les uns dilatés, les autres contractés; de cette détente incessante résultent des actions qui n'ont plus aucune ressemblance avec l'électricité proprement dite ou statique. Ces actions nouvelles proviennent de ce que dans le fil conducteur il y a constamment des molécules positives et des molécules négatives qui s'envoient des étincelles en recombinant leurs fluides pour retomber à l'état neutre, puis reprennent immédiatement leurs modifications anormales par le travail de la force électromotrice qui fonctionne dans la pile et développe incessamment de nouveaux fluides. Les deux phénomènes, étant pour ainsi dire simultanés, sont par le fait très-extraordinaires. Les actions attractive et répulsive qui se manifestent pour l'électricité statique doivent donc se représenter sur les courants, puisqu'ils se composent de particules dérangées de leur équilibre, qui y reviennent momentanément pour avoir encore leur équilibre rompu. De là ces attractions et répulsions que nous retrouverons de nouveau dans le magnétisme.

L'électricité par frottement.

Fluides de tension.

Nous avons parlé longuement des combinaisons chimiques, parce qu'elles nous donnent l'image la plus exacte de la manière dont se produit le phénomène; mais l'électricité se développe aussi par d'autres moyens. Parmi eux, nous citerons le plus important, le frottement, qui est une source d'électricité statique ou fluides de tension entre deux substances hétérogènes.

Le frottement est une puissance mécanique qui engendre la force électromotrice; il dégage de la chaleur et amène un ébranlement moléculaire à la faveur duquel les particules de l'un des corps hétérogènes s'emparent d'une partie du calorique intrinsèque de l'autre et au détriment de celui-ci. En conséquence, les densités atomiques se modifient en plus et en moins, et l'électricité surgit. Contrairement à ce qui se passe dans les combinaisons chimiques, il y a peu de molécules qui perdent ainsi leur équilibre; en revanche, la tension est beaucoup plus grande ; autrement dit, l'équilibre est plus dérangé, parce qu'elles cèdent leurs vibrations latentes de l'une à l'autre et retombent à l'état neutre ; mais celles de la surface ont leur état normal d'autant plus dérangé que les autres les ont gratifiées de tout le fluide dégagé par le frottement. L'électricité s'accumule à la superficie avec tension et tendance à passer dans l'atmosphère si l'air sec n'était un mauvais conducteur qui s'oppose à la transmission. Sur les substances qui conduisent mal, il n'y a que les particules de la surface qui reçoivent et emmagasinent les effets du frottement (force mécanique).

Un corps conducteur se dérange facilement de son état normal, d'une molécule à l'autre, sous la pression du calorique latent mis en mouvement par la force électromotrice qui détruit toute résistance par sa force supérieure ; par contre, il revient à son équilibre avec la même promptitude. Au rebours, un mauvais conducteur présente une résistance plus grande que la force du calorique en mouvement ; il ne permet pas le passage à l'électricité, parce que ses molécules ne se prêtent pas au dérangement de leur équilibre et s'opposent à l'entrée ou à la sortie d'un calorique latent en dehors de leurs chaleurs spécifiques ; mais, une fois l'état normal dérangé, elles n'y reviennent pas facilement ; c'est le défaut de vertu transmissive qui les empêche de se défaire de leurs fluides, chaque atome présentant une résistance à l'atome suivant, pour accepter ou céder le calorique que l'un veut transmettre à l'autre. Il faut une grande force de tension pour que la force électromotrice puisse vaincre cet obstacle.

Les propriétés des électricités statique et dynamique sont réunies dans les phénomènes d'induction par les courants. On obtient alors la tension et la quantité de fluide, parce que les atomes sont dérangés de leur équilibre fortement et en grand nombre, en éprouvant une tension de la part du milieu intermédiaire polarisé. L'équilibre détruit ne l'est que pour un instant et se rétablit immédiatement; mais, par un mouvement alternatif et rapide des courants induits, on est parvenu à obtenir des effets extraordinaires. Les molécules se dilatent et se contractent continuellement, et ces actions alternatives donnent une quantité énorme de fluides de tension.

Thermo-électricité.

Ce phénomène est dû à la différence des chaleurs spécifiques de deux métaux. — Le refroidissement donne un courant inverse, et les pôles changent de nom.

La thermo-électricité engendre des fluides d'une faible intensité, qui sont occasionnés par une température croissante ou décroissante transmise à l'une des soudures de deux métaux hétérogènes unis à leurs extrémités et formant circuit. Il suffit même d'un nœud ou torsion dans un circuit homogène pour produire des effets identiques à ceux de l'hétérogénéité. En réalité, par la torsion, le circuit n'est plus homogène, et la chaleur se propage inégalement dans les deux branches. Voici très-probablement la cause du phénomène, telle que le raisonnement et l'étude des faits nous l'ont indiquée.

Quand deux éléments homogènes sont soumis à une source unique de chaleur, ils se dilatent d'une manière égale; mais il n'en est pas de même pour deux corps hétérogènes dont les chaleurs spécifiques sont différentes. Soit deux substances A et B. La substance A, étant plus dense, a une capacité calorifique moindre que B et se dilate davantage, tandis que B peut absorber beaucoup plus de vibrations sans que sa dilatation augmente sensiblement. Soudés l'un à l'autre, les deux métaux présentent deux éléments dérangés de leur équilibre commun, puisque, pour la même quantité de chaleur, l'un s'est trop dilaté, l'autre pas assez. Or, comme deux corps hétérogènes ont une tendance naturelle à se porter vers un équilibre moyen, c'est-à-dire à se rendre semblables, et que cette tendance est favorisée par la variation de la température qui fait l'office de force électromotrice, ils cherchent, l'un à céder à son voisin le calorique qu'il a en trop, l'autre à soutirer au premier celui qui lui fait défaut pour arriver à un équilibre semblable. Il en résulte que le métal A ne se dilate pas autant qu'il le ferait s'il n'était pas uni à B, et de son côté le métal B se dilate plus qu'il ne le ferait s'il était seul ; ces modifications n'étant pas en rapport avec les capacités calorifiques naturelles de chaque élément, amènent une réaction de la part de la matière, et des fluides surgissent.

Le phénomène est semblable lors d'un nœud ou torsion sur un circuit homogène ; la chaleur se propageant plus vite dans une branche que dans l'autre, celle-là absorbe plus de calorique que celle-ci, et il en résulte une réaction pour amener un équilibre commun et par conséquent une modification des densités.

Les fluides qui naissent sont dynamiques, parce que le circuit est fermé, et il y a recombinaison en même temps que décomposition continue sous le travail de la chaleur. En effet, les molécules, privées du calorique qu'elles ont cédé contrairement à leurs chaleurs spécifiques, vont puiser dans l'autre branche (ou dans le fil si la communication se fait par ce moyen) celui qui leur manque, et en même temps les molécules qui ont reçu des vibrations en excès les y envoient pour s'en débarrasser. Il y a, comme dans la pile, un élément positif d'un côté de la soudure et un élément négatif de l'autre côté, lesquels communiquent ensemble par le circuit fermé et donnent de l'électricité dynamique.

Nous remarquerons que le courant change de sens quand le phénomène est interverti. Si l'on refroidit la soudure au lieu de la chauffer, le courant devient inverse. L'explication en est facile ; le calorique suit alors une marche rétrograde ; au lieu de pénétrer dans la matière, il en sort et amène des effets opposés ;

c'est encore là une conséquence de la différence des chaleurs spécifiques; l'élément plus dense, qui se dilatait davantage lors de l'échauffement, se contracte alors trop par le refroidissement, tandis que l'élément peu dense, jouissant d'une capacité calorifique plus considérable, perd moins de vibrations et se contracte moins que son compagnon. Le phénomène précédent est donc entièrement interverti, et des fluides inverses surgissent, car la substance qui s'emparait du calorique au détriment de l'autre pendant l'échauffement le reperd au profit de celle-ci lors d'un refroidissement; les pôles changent. Nous verrons la conséquence de ces deux lois pour le développement des courants sur une planète par le soleil.

La thermo-électricité, malgré sa faible intensité, est remarquable en ce qu'elle nous démontre l'origine des fluides; il y a là un lien qui unit le calorique latent moléculaire à la chaleur libre d'un corps; les résultats sont les mêmes; la seule différence est dans l'énergie, qui est très-considérable pour le calorique latent, lequel maintient la condensation atomique, tandis que la chaleur libre ne peut enfanter qu'une électricité très-faible. Il est évident que toutes les substances hétérogènes unies deux à deux et soumises à une source de chaleur ou de froid développent de l'électricité; mais celle-ci est trop minime pour être constatée, et il faut souder ensemble des métaux dont les facultés d'échange sont plus énergiques pour pouvoir enregistrer une déviation sur le galvanomètre.

Nous allons maintenant passer à l'étude des phénomènes magnétiques, dont l'importance est aussi considérable que celle de l'électricité et demande d'assez longs développements. Ce sera le sujet du chapitre suivant.

IV

LE MAGNÉTISME

LES ROTATIONS ÉLECTRIQUES OU COURANTS CIRCULAIRES DANS L'AIMANT. — PARAMAGNÉTISME ET DIAMAGNÉTISME. — PROPAGATION DES SPIRES OU TOURBILLONS D'ATOMES POLARISÉS DANS LE MILIEU. — LE POLE ACTIF ET LE POLE PASSIF DE L'AIMANT. — ORIENTATION.

Après avoir résolu le problème de l'électricité, nous avons porté notre attention sur celui du magnétisme, bien plus mystérieux encore et qui nous a fait découvrir toutes sortes de complications très-extraordinaires. Nous allons les décrire successivement.

La première question que nous avons dû nous faire était de savoir en quoi consiste le magnétisme, sous quelle forme sont disposés les courants dont il se compose nécessairement et enfin de quelle manière ils se traduisent par une force attractive ou répulsive, selon que sont en présence des pôles différents ou semblables. Pour résoudre ces problèmes, nous ne pouvions nous aider que du raisonnement et aussi des phénomènes électriques dont nous avions déjà trouvé l'explication.

Sous l'influence de l'action séculaire du globe, s'il s'agit d'un aimant naturel, ou par un frottement prolongé avec celui-ci, si c'est un aimant artificiel, ou enfin par la circulation de l'électricité autour de lui, s'il est question d'un électro-aimant, les molécules métalliques se sont polarisées ; elles sont positives ou négatives et retombent alternativement à l'état neutre pour reprendre aussitôt leurs modifications, comme elle le font dans le fil qui unit les deux pôles d'une pile.

En somme, deux molécules consécutives sont combinées ainsi que les éléments de la pile, cuivre et zinc, et sont devenues hétérogènes, car l'une a pris plus de densité qu'à son état normal, l'autre moins, et elles possèdent une force électromotrice de contact. Ce qui fait surtout l'étrangeté de ce phénomène, c'est qu'il y a décomposition et recombinaison constantes d'électricité, comme dans le fil de la pile ; les densités des molécules se modifient inversement ; elles retombent ensuite à l'état neutre en revenant à leurs densités naturelles, puis elles se modifient de nouveau par la force électromotrice. Les couples sont disposés en chaîne continue autour d'axes qui traversent l'aimant dans sa longueur et constituent les diverses lignes de force.

Nous pouvons relier cette théorie à celle d'Ampère, mais en la présentant sous un point de vue nouveau qui donnera l'explication de tous les faits. Ce savant a supposé que des courants électriques de même sens circulent en nombre infini dans l'aimant en enveloppant chaque molécule et en ayant comme résultante un courant général autour de lui. La théorie est juste, mais jusqu'à un certain point, car on objectera qu'il y a des lignes de forces qui ne s'expliquent pas dans cette hypothèse. Puis qui fait naître les fluides électriques?

Rotations électriques autour d'un axe ou courants circulaires dans le sein de l'aimant.

La force électromotrice.

Si nous supposons que les courants, au lieu de circuler autour de chaque molécule, forment un champ d'action qui embrasse un certain nombre d'atomes, alors toutes les obscurités disparaissent à la fois. Chaque petit groupe compose un système magnétique indépendant ou disposition de particules polarisées autour d'un axe qui est le siège de la ligne de force dont le mouvement de rotation électrique se communique à distance par l'éther. Tous les groupes indépendants ou filets magnétiques enveloppent l'aimant et donnent, comme dans la théorie d'Ampère, une résultante qui l'assimile à un solénoïde, parce que les fluides circulent tous dans le même sens et viennent affleurer la surface. Ces centres d'action magnétique plus resserrés au milieu du barreau aimanté s'épanouissent en allant vers les pôles, à cause de leurs réactions réciproques (ces courants, se croisant en sens inverse sur leurs points d'intersection, se repoussent), et se prolongent dans l'éther en lignes de force, ainsi que le montrent les files de limaille qui s'attachent aux pôles. Les courants de l'éther ou d'un milieu quelconque s'épanouissent également avec intensité, mais ils décrivent des courbes pour se rapprocher en allant vers un pôle de nom différent ; au contraire, ils divergent davantage par l'effet de la répulsion d'un pôle semblable.

Maintenant, il nous faut expliquer la disposition des centres moléculaires et les lois de la force électromotrice qui amène une rotation d'électricité dans chaque groupe indépendant.

Comparons le groupe à la pile où se fait une transmission continuelle de fluides à l'aide du circuit fermé, et figurons un cercle de particules ABCDEFGH, alternativement condensées et dilatées de telle sorte que A uni à H forme un couple voltaïque. Les éléments sont tous combinés ainsi deux à deux.

Deux particules A et H devenues hétérogènes par une modification inverse de leurs densités se sont unies ensemble comme dans une combinaison chimique et forment un couple dont la force électromotrice de contact décompose le fluide neutre, c'est-à-dire que A s'empare d'une partie du calorique intrinsèque de H et s'électrise positivement, tandis que H prend le signe négatif. Or, à cause du circuit fermé, A électrisé ne peut se saturer ; il retombe à l'état neutre en cédant son fluide positif au groupe suivant BC ; celui-ci le repasse à DE, qui en fait autant pour FG. La force électromotrice agit de nouveau par le défaut de saturation ; A s'électrise encore et envoie derechef son fluide à BC, etc. De l'autre côté du circuit, H a agi de la même manière ; il a cédé son électricité négative à GF, celui-ci à ED, etc. Mais transmettre le fluide négatif, c'est en réalité appeler le fluide positif, puisque les molécules cherchent à acquérir le calorique latent qui leur fait défaut pour revenir à l'état normal. Le fluide positif parti de A revient donc en H, après avoir fait le tour entier du circuit, et s'y recombine pour ramener l'état neutre, lequel ne persiste pas, la force électromotrice dérangeant l'équilibre à mesure qu'il se rétablit, et un nouveau mouvement de calorique latent se produit par le contact entre éléments hétérogènes. Il y a donc sans cesse décomposition et recombinaison des fluides, c'est-à-dire modification des densités et retour à l'état normal. Tous les autres couples du circuit sont doués de la même vertu que AH et développent un courant autour d'un axe qui, prolongé à travers l'aimant, constitue l'une de ses lignes de force, lesquelles sortent des pôles magnétiques en faisceau divergent.

Il ne se fait aucune transmission de fluides en dehors des aimants, car ces fluides décrivent des mouvements de rotation dans leur corps même et ne peuvent en sortir, combinés qu'ils sont avec les particules et maintenus par les réactions mutuelles de tous les pôles moléculaires. Le circuit électrique vient seulement toucher le bord de l'aimant, et la réunion de ces mouvements d'électricité dynamique forme une résultante qui l'assimile à un solénoïde.

Tout n'est pas dit par les explications générales que nous venons de donner; les circuits électriques ne se ferment pas par eux-mêmes et constituent une spirale, comme nous le montrerons, et il reste des phénomènes très-obscurs et très-mystérieux à étudier. En somme, l'aimantation est bien plus compliquée que nous ne l'avons décrite.

Paramagnétisme et diamagnétisme.

Théorie nouvelle basée sur les phénomènes électriques.

Les corps magnétiques ont la propriété d'obéir aux mouvements de l'éther (tourbillons d'atomes polarisés) et de devenir semblables aux aimants qui les influencent. Il n'en est pas de même des substances dites diamagnétiques, qui, au lieu d'être attirées par les pôles, en sont repoussées. Quelle est la cause d'une pareille anomalie?

Remarquons que chaque corps possède des propriétés particulières. L'un offre un passage facile à l'électricité, l'autre s'oppose à sa transmission; de même, telle subtance se laisse traverser par le calorique tandis que telle autre est rebelle et fait rebrousser chemin aux rayons, en tout ou en partie. La conductibilité pour la chaleur n'est pas non plus semblable et varie d'un élément à l'autre. Nous n'avons pas à discuter sur ces propriétés de la matière, mais seulement à les constater. Le fer doux a surtout la faculté d'obéir complètement aux rotations du milieu, et ses molécules prennent une polarisation identique à celle du pôle qui l'influence; d'autres substances, tout en obéissant, le font à un moindre degré; il y en a qui sont indifférentes. Quant aux corps diamagnétiques, ils se conduisent à l'opposé; leur polarisation se fait inversement, et ils offrent à l'aimant un pôle de même nom et par conséquent répulsif.

Les difficultés de ce problème mystérieux sont encore augmentées par ce fait que les vertus magnétiques et diamagnétiques varient d'après la nature du milieu ambiant et peuvent changer du tout au tout, ce qui a conduit M. Ed. Becquerel à adopter une théorie spéciale, celle du principe d'Archimède; les diverses substances seraient plus ou moins *magnétiquement lourdes*, c'est-à-dire que les éléments diamagnétiques seraient légers comparativement aux éléments paramagnétiques; plongés dans un milieu plus lourd qu'eux, ils nous paraissent légers et éprouvent une répulsion par suite de la poussée en sens contraire du milieu ambiant. Cette théorie est ingénieuse; mais elle est néanmoins insuffisante, car les substances diamagnétiques le sont encore dans le vide, et on ne saurait prétendre que le vide est un milieu magnétique sensible à l'action de l'aimant; là où la nature n'existe pas, il n'y a pas de propriétés. Et puis la théorie de la pesanteur appliquée au magnétisme offre quelque chose de bizarre et d'insolite, l'électricité, source du magnétisme, n'ayant aucun rapport avec la pesanteur.

La solution du problème n'est donc pas dans cette explication, et il faut en revenir à la conclusion que les actions sont réellement un attribut de la matière. Nous présenterons au lecteur une hypothèse qui nous paraît plus rationnelle, parce qu'elle rend compte de tous les faits, se relie à tous les phénomènes électriques et s'appuie exclusivement sur la réaction du milieu et sur les attractions et répulsions qui sont l'apanage de l'électricité. De plus, elle assimile tout à fait l'aimant à un solénoïde.

La matière reçoit l'influence des rotations du milieu polarisé et y obéit, mais pas de la même façon. Elle se polarise plus ou moins, soit comme lui, soit inversement, ou enfin reste neutre. Pour comprendre ces anomalies apparentes, il faut étudier les phénomènes électriques, dont quelques-uns sont encore si obscurs qu'ils semblent inexplicables, mais se traduisent toujours par des ruptures d'équilibre ou par une neutralisation. Si nous trouvons l'explication de ceux-ci, nous pourrons arriver par comparaison à la solution des problèmes magnétiques plus obscurs encore. Il faut concentrer notre pensée et tâcher de voir par les yeux de l'esprit les atomes invisibles et les mouvements qu'ils exécutent.

Pour cela, il est nécessaire de connaître ce qui existe réellement dans le sein impénétrable de l'aimant, puis nous passerons en revue les vertus de l'éther, lequel réagit contre toute force qui trouble son équilibre. Nous avons reconnu ces vertus pour la transmission à distance de la pesanteur et du rayonnement calorifique, mais elles sont bien autrement exaltées lorsque le milieu est polarisé.

Nous allons d'abord décrire ce qui se passe dans l'induction électrique, et nous comprendrons par là les réactions qui s'opèrent dans le milieu, puis nous chercherons à connaître la constitution de l'aimant. Bien des faits mystérieux vont se rencontrer sur notre chemin; il nous faudra les scruter un à un, pour obtenir la solution des problèmes étonnants du magnétisme et du diamagnétisme. Nous arriverons à la fin à un résultat inattendu.

L'induction électrique.

État neutre et polarisations différentes sur un conducteur.
Réactions de la part du milieu.

Faraday a soupçonné une corrélation entre les effets d'induction et les phénomènes magnétiques, bien que sous d'autres rapports ils ne puissent se confondre, car dans l'induction les courants sont *à l'état de repos*, et il n'en est pas ainsi pour le magnétisme, comme nous le verrons plus loin. C'est la destruction de l'état de repos qui fait naître les effets d'induction.

Un courant se trouve en présence d'un conducteur; s'il ne varie pas d'intensité, ou s'il se maintient immobile, aucun fluide induit ne se développe sur ce conducteur. Il y a donc équilibre parfait, et par suite aucun fait d'attraction ou de répulsion ne se manifeste; mais que les choses se modifient dans un sens ou dans l'autre, aussitôt surgissent des effets attractifs ou répulsifs qui annoncent une rupture d'équilibre dans le champ électrique; une tension violente s'y produit, mais cesse aussitôt que l'action perturbatrice ne se fait plus sentir. Comment expliquer cela, si ce n'est par des réactions? Toute cause qui trouble l'équilibre du milieu polarisé le fait réagir contre cette cause même; il devient tout à coup positif ou négatif, c'est-à-dire que la réaction lui donne une tension momentanée qui exerce une pression sur les molécules du conducteur et les dérange de leur état normal, en faisant naître un courant induit direct ou inverse.

Nous avons déjà montré l'extrême élasticité de l'éther à propos de la transmission à distance de la pesanteur et du rayonnement; à l'état d'équilibre, il n'y a dans l'éther ni attraction ni répulsion, les deux forces se neutralisant mutuellement; mais, si une attraction étrangère cherche à faire séparer les atomes les uns des autres en les obligeant à se porter vers le centre attractif, le milieu universel réagit aussitôt et se contracte; si au contraire, sous une source calorifique, les atomes vibrent davantage, la répulsion les fait se dilater.

Ces propriétés sont vivement exaltées par la polarisation du milieu. A l'état de repos, rien ne se manifeste, l'éther ne montre ni attraction ni répulsion, les courants qu'il renferme se maintenant dans les positions qu'ils doivent prendre; mais quand un courant commence, ou augmente d'intensité, ou se rapproche du conducteur, l'équilibre est troublé brusquement, et l'état électrique du milieu se modifie ; l'augmentation d'intensité de la polarisation fait resserrer les atomes disposés en courants, mais le milieu réagit et prend une tension; autrement dit, les atomes trop resserrés cherchent à se séparer; dans ce but, ils exercent une pression subite sur les molécules du conducteur et leur donnent, par suite de la tension du champ électrique, une polarisation inverse, afin de permettre au milieu de desserrer sa trame en faisant éloigner le conducteur. La tension est donc répulsive, et le courant induit est contraire de celui de l'inducteur.

Par contre, si un courant finit, ou diminue d'intensité, ou s'éloigne du conducteur, les faits sont intervertis ; l'équilibre de l'éther est également troublé ; car, par la diminution de l'intensité du courant, les atomes se trouvent tout à coup trop écartés les uns des autres ; il y a réaction ; les particules polarisées cherchent à se resserrer, et, par la tension qui se manifeste dans le champ électrique, ils exercent une pression sur le conducteur, mais d'une façon inverse de la précédente ;

au lieu d'être répulsive, elle est attractive, et les molécules du conducteur se polarisent directement; en un mot, la tension du milieu cherche à faire rapprocher le corps matériel, afin de permettre à l'éther de resserrer sa trame; le courant induit est de même sens que le courant continu.

Maintenant que nous connaissons les effets de réaction développés par l'éther quand il est polarisé, nous allons décrire ce qui se passe dans le sein même de l'aimant.

Disposition des spirales dans le corps de l'aimant. Ressemblance avec le solénoïde.

Le courant de retour par l'axe de la ligne de force. — Pôles actif et passif.

Dans l'explication que nous avons donnée au sujet des rotations électriques dans le sein de l'aimant, nous avons dit que les molécules polarisées forment un circuit fermé dans lequel le fluide circule de couple en couple voltaïque. Nous avons dû décrire le phénomène de la manière la plus simple, mais en réalité il est plus compliqué. Tous ces circuits parallèles de même sens, sans liaison et sans communication entre eux, ne se comprendraient pas et n'auraient aucune raison d'être.

Voici ce qui existe très-probablement, et nous en avons acquis la conviction en comparant l'aimant à tous les autres phénomènes électriques. Le circuit qui règne autour de l'axe ou ligne de force dans chaque centre d'action n'est pas fermé par lui-même, mais par le circuit voisin, et le courant s'enroule en une spirale serrée autour de l'axe et se dirige d'un pôle à l'autre de *chaque filet magnétique*, comme les spires d'une bobine. Arrivé au pôle terminal, le courant traverse l'axe entier de la ligne de force et revient ainsi à l'autre pôle magnétique, pour recommencer la même évolution en hélice sous le travail de la puissance électromotrice qui naît de couple en couple par le contact entre molécules hétérogènes (de densités différentes).

Il y a là une circulation identique à celle de la pile dans le sein de laquelle, sous l'action chimique, le fluide se transporte dans un sens, tandis qu'il va en sens opposé à travers le fil de communication des pôles.

C'est aussi la disposition du solénoïde, dont le courant traverse l'axe pour revenir au pôle négatif de la pile. Ainsi les trois corps physiques, pile, solénoïde et aimant, sont régis par la même loi, *retour du courant*, et ont dans cette action une ressemblance caractéristique. Le solénoïde ne diffère de l'aimant que par la force électromotrice propre de celui-ci et parce que le premier est parcouru par un courant unique, tandis que la circulation est divisée dans le second en divers centres ou lignes de force.

La ligne de force a donc sa raison d'être, chaque axe étant la ligne conductrice du courant qui forme un circuit fermé en faisant correspondre les deux pôles magnétiques de chaque filet l'un avec l'autre, comme les deux pôles de la pile sont unis par le fil qui ramène l'électricité d'un élément positif à un élément négatif.

Dans l'aimant, il n'y a pas seulement communication des pôles; le fluide circule en décrivant des spirales qui exercent une attraction par l'intermédiaire du milieu sur les spires de même sens d'un pôle différent, ou une répulsion sur les spires de sens contraire d'un pôle semblable. C'est ce phénomène qui constitue la force de l'aimant. Il nous démontre aussi avec évidence que le corps magnétique ne peut acquérir que des pôles de nature contraire, et cela parce qu'il y a *rupture d'équilibre*, comme dans l'électricité. Une molécule électrisée positive correspond toujours à une molécule négative, qui naît précisément parce que la première a acquis le fluide contraire. De même, sur l'aimant, à une vertu correspond la vertu opposée. L'un des pôles est *actif*, tandis que l'autre est *passif*, attributs dont nous allons voir le résultat extraordinaire.

Nous ne mettons pas en avant une hypothèse irrationnelle; nous allons expliquer comment par le sens d'enroulement les deux propriétés inverses sont communiquées aux pôles. Tous ces faits sont très-curieux à étudier.

Influence du sens d'enroulement.

Cause des attractions et répulsions entre les courants. — Orientation des vertus active et passive.

Le sens d'enroulement du courant détermine la position des pôles magnétiques, car c'est la disposition des élements de chaque couple voltaïque qui donne le sens de la force électromotrice. Figurons un circuit fermé composé des molécules A B C D E F G H.

Dans ce circuit, A et H unis ensemble constituent un couple voltaïque dont A est l'élément positif et H l'élément négatif. La force électromotrice ou courant se porte du positif au négatif, soit de A en B, en C, en D, etc.; mais si la disposition est inverse, H étant positif et A négatif, le sens du courant se fera alors de H en G, en F, en E, etc. Il en est de même dans la pile quand on intervertit l'ordre des métaux, cuivre et zinc. Le résultat est que, si une hélice *sinistrorsum* fait naître une aimantation dont les pôles boréal et austral sont tournés dans une certaine direction, une hélice *dextrorsum* fait surgir une aimantation dont les pôles sont tournés en sens opposé.

Pourquoi cette orientation communique-t-elle aux pôles magnétiques les deux vertus active et passive dont nous avons parlé plus haut? Il faut en rechercher la cause dans les phénomènes qui se manifestent sur les courants eux-mêmes, mais d'abord dans ceux de l'électricité statique, qui se traduisent en rupture d'équilibre et par suite en attractions et répulsions.

Lorsqu'il se fait une recombinaison des fluides, le calorique latent sort d'une molécule dilatée pour entrer dans une molécule contractée afin de rétablir l'état normal. A ce moment, un atome positif acquiert donc une propriété qu'il ne possédait pas à l'état neutre; il *devient actif*, puisqu'il émet le fluide en mouvement, et par contre un atome négatif *devient passif*, car il absorbe le fluide. Nous ne serons pas étonnés de retrouver sur les courants ces vertus active et passive qui proviennent de la transmission.

De quoi en effet se compose un courant, si ce n'est de molécules dérangées de leur équilibre? Il y a simultanément dans un fil conducteur des atomes positifs et négatifs qui, se détendant mutuellement, sont à ce moment actifs et passifs; retombant à l'état neutre, ils se réélectrisent aussitôt par le travail de la pile, pour se détendre de nouveau, et cela sans interruption. De cette transmission continuelle entre molécules dilatées et contractées toujours en action les unes sur les autres dans le courant, résulte un phénomène très-étrange, mais rationnel. Les deux attributs, ou forces d'émission et d'absorption qui se développent en même temps par la transmission (recombinaison) entre les deux groupes d'atomes devenus actifs et passifs, apparaissent à la fois et à un haut degré dans le fil conducteur, car ils sont les résultantes de ruptures incessantes d'un équilibre qui se rétablit immédiatement par les faits d'émission et d'absorption entre ces atomes.

Or il est évident que ces deux vertus active et passive qui représentent les forces moléculaires en action ne peuvent se montrer simultanément sur le courant qu'à la condition d'être orientées dans deux directions *diamétralement opposées*, quel que soit le côté du courant que l'on considère. Elles figurent en effet deux ressorts de nature contraire qui surgissent de l'équilibre rompu, pour le rétablissement duquel la matière réagit sans cesse et énergiquement.

Cette énergie de réaction provoque la force d'attraction ou de répulsion qui se montre entre courants. C'est grâce à l'apparition simultanée des deux forces active et passive que deux courants parallèles de même sens *s'attirent*, puisqu'ils ont la *même orientation*, c'est-à-dire que le ressort actif de l'un fait précisément face au ressort passif de l'autre ; il y a attraction comme entre deux molécules positive et négative, la matière cherchant toujours à revenir à son équilibre et réagissant en conséquence.

Par contre, deux courants parallèles allant dans une direction opposée sont orientés à l'inverse et *se repoussent*, le ressort actif de l'un faisant face au ressort semblable de l'autre, ou, selon le sens des courants, le passif se trouvant en présence du passif. Il y a répulsion comme entre deux molécules positives ou entre deux molécules négatives, parce que la matière réagit également contre toute force qui tend à déranger davantage son équilibre.

En un mot, les courants se conduisent comme s'ils

possédaient deux pôles agissant tout autour d'eux et de telle manière que deux pôles différents sont toujours *diamétralement opposés* et ont la même orientation sur deux courants semblables. Non-seulement nous arrivons à comprendre par là les actions et réactions des courants entre eux, mais aussi leur influence sur les pôles d'un aimant et les déviations de l'aiguille.

Aucune autre hypothèse ne peut, à coup sûr, nous donner l'explication de ces vertus singulières qui apparaissent simultanément, quel que soit le côté du courant qui exerce son action. Ce phénomène n'a rien d'extraordinaire, puisque le fil conducteur contient des molécules aussi bien actives que passives dont les forces agissent sans aucune orientation, si ce n'est celle des deux vertus contraires, à la condition d'être chacune en sens diamétralement opposé.

Connaissant les causes des attractions et répulsions entre les courants, nous devons naturellement retrouver les même vertus sur les aimants, car toutes les spires qui les enveloppent ont la *même orientation*. Leurs ressorts actifs sont tournés dans un sens, et leurs ressorts passifs dans le sens opposé. Deux pôles magnétiques sont donc de ce fait constitués sur l'aimant, et leurs signes dépendent, comme nous l'avons vu, de l'ordre d'enroulement des spires ; cet enroulement fait orienter les ressorts actifs et passifs, et, selon que l'hélice est *sinistrorsum* ou *dextrorsum*, la position des pôles change.

Nous avons démontré au lecteur la force de réaction

d'un milieu polarisé et lui avons appris la propriété non encore soupçonnée de l'aimant, dont l'un des pôles est doué d'une puissance active et l'autre pôle d'une puissance passive, indépendamment des attractions et répulsions qui s'opèrent énergiquement entre les spires, selon qu'elles vont dans la même direction ou dans une direction opposée, d'après les pôles en présence. Nous allons tirer les conséquences voulues de ces découvertes.

Les spires magnétiques.

Leur bon ou mauvais accueil par la matière. — Propagation du pôle actif au pôle passif. — Réactions du milieu.

Les spires, comme nous l'avons vu, s'attirent ou se repoussent selon leur sens d'enroulement, puisque ce sont des courants électriques ; quant aux ressorts actif et passif des deux pôles, ils agissent sur le milieu pour le mettre en mouvement dans la direction de la ligne de force, et cela avec une vitesse inouïe.

On sait déjà par l'expérience de Faraday que les molécules du milieu décrivent des mouvements de rotation infiniment rapides autour d'un axe ; or il est impossible d'admettre ces rotations sans un déplacement simultané des atomes qui parcourent avec une vitesse incalculable tous les circuits en spirale dont l'éther se compose, sous la force inductrice de l'aimant.

Ainsi le milieu ne se borne pas à décrire des rotations autour de l'axe; mis en mouvement par les ressorts actif et passif de l'aimant, il suit en même temps une route tracée dans la direction de l'axe, et ses spires, en tournant, partent d'un pôle actif, comme si elles en sortaient, et se portent vers un pôle passif, vers lequel elles se précipitent comme si elles y entraient.

La force d'impulsion est tellement grande que les spires semblent traverser toutes les substances et y déterminer par leur passage des effets variés qui se traduisent en polarisations.

La pénétration des spires éthérées à travers la matière n'est évidemment pas réelle; nous montrerons qu'en effet le corps est simplement un intermédiaire agissant ainsi qu'une plaque vibrante sous la propagation d'ondes sonores; mais les choses se passent comme si les spires pénétraient dans la matière; c'est pourquoi nous allons dépeindre le phénomène sous ce point de vue, sauf à rectifier ensuite.

Une grande puissance de réaction se manifeste dans le milieu lors du passage des tourbillons moléculaires lancés ou attirés par un pôle actif ou passif, si ces tourbillons viennent à rompre leur équilibre en se desserrant ou en se resserrant dans leur marche à cause de la sympathie qui les accueille ou de la résistance qu'ils rencontrent. D'après l'une ou l'autre de ces propriétés, le milieu prend une tension et fait polariser les molécules directement ou inversement; au contraire, celles-ci restent neutres si l'éther n'éprouve pas de tension.

Pour comprendre ce phénomène, nous allons décrire ce qui se passe entre deux aimants. Un pôle actif fait naître dans le milieu des rotations en spirale qui s'éloignent de plus en plus de ce pôle sous le ressort d'impulsion qu'il possède; un pôle passif fait surgir exactement les mêmes rotations en spirale dans l'éther; seulement, au lieu de s'éloigner, les atomes se portent vers le pôle sous l'appel de son ressort d'attraction.

Si donc un pôle magnétique se trouve en présence d'un pôle différent, la vitesse de propagation des atomes atteint toute sa puissance, car, lancés par la force active, ils trouvent une route toute tracée dans l'attraction de la force passive; ils s'élancent en conséquence avec une rapidité inouïe; mais alors une réaction immense s'opère dans le milieu, les spires étant obligées de se desserrer dans leur marche sous l'appel du passif à l'actif. Or les spires sont des courants parallèles de même sens, et, cherchant toujours à se rapprocher les unes des autres, elles résistent à la force qui les fait se desserrer; le milieu réagit et entraîne les deux aimants afin de pouvoir se contracter. Il y a donc attraction à distance, jusqu'à ce que les deux pôles soient en contact et s'y maintiennent par les ressorts de leurs spires propres.

Le phénomène est inverse quand deux aimants se présentent des pôles semblables; au lieu d'être attirées de l'actif au passif, les spires qui naissent dans le milieu sous l'action des pôles vont en sens opposé et se repoussent mutuellement; il y a compression dans l'éther, qui prend une tension, réagit et fait éloigner les deux aimants afin de pouvoir se dilater.

Ce qui se passe à l'égard des aimants peut se présenter sur quelques substances si elles sont douées à l'égard des spires magnétiques d'une vertu d'absorption telle que ces spires précipitent leur marche et sont obligées en conséquence de se desserrer par suite de l'accélération de la vitesse ; le milieu prend une tension et réagit en amenant une polarisation directe sur la substance, afin d'opérer un rapprochement entre elle et l'aimant et de permettre aux spires de se resserrer. Le magnétisme surgit, et le phénomène peut jusqu'à un certain point se comparer aux effets de l'induction électrique lorsque le conducteur se polarise directement.

Peu de substances possèdent une pareille propriété ; mais le fer doux est aussi absorbant que le pôle d'un aimant et laisse entrer les tourbillons éthérés avec la même facilité. Comme cette vertu d'absorption amène un desserrement des spires dans leur marche, elle provoque aussitôt une réaction de la part du milieu, dont la tension polarise les molécules du fer aussi énergiquement que celles du pôle inducteur.

Si le fer doux est en face d'un pôle passif, les phénomènes sont exactement les mêmes, mais inverses ; la faculté d'absorption est toujours accompagnée d'une vertu émissive égale (de même qu'une substance reperd les rayons calorifiques avec la même rapidité qu'elle les reçoit). Le fer se conduit donc à l'égard du pôle passif comme s'il était lui-même un pôle actif.

L'aimant est un corps métallique qui possède toutes les qualités du fer doux et ne diffère de celui-ci que par une force coercitive qui lui permet de conserver les polarisations produites, tandis que le fer retombe immédiatement à l'état neutre; il n'est donc pas étonnant que cette substance obéisse entièrement à l'influence magnétique.

Les corps les plus magnétiques après le fer sont le nickel et le cobalt; ceux qui viennent ensuite ont cette propriété à un degré très-peu prononcé, en sorte que, si toutes les substances se laissent traverser par les spires, il y en a peu qui soient assez absorbantes pour en faire accélérer la marche, ou, si elles le font, c'est très-faiblement.

Quant aux corps diamagnétiques, loin d'être absorbants, ils repoussent les spires qui pénètrent difficilement dans leur sein. Une compression se fait alors dans le milieu, à cause du ralentissement de la vitesse et du resserrement des tourbillons les uns sur les autres qui en est la conséquence. Comme dans l'induction électrique, le milieu cherche à se dilater pour faire disparaître cette compression, et par sa tension il donne une polarisation inverse aux molécules, afin d'écarter l'un de l'autre les deux corps et par là permettre aux spires de se desserrer. Il y a donc répulsion.

S'il existait des corps aussi diamagnétiques que le

fer doux est magnétique, il est évident que ces corps repousseraient en totalité les tourbillons éthérés et deviendraient de puissants aimants, mais d'une polarité inverse; or, comme le diamagnétisme est très-faible, il faut admettre que les spires ne sont repoussées qu'en petite quantité et que le reste traverse la substance sans qu'il y ait dérangement d'équilibre (de même, dans les phénomènes diathermiques, certains corps livrent très-bien passage aux rayons calorifiques, à travers leurs molécules; d'autres les repoussent en plus ou moins grande quantité, mais le reste pénètre).

Enfin l'indifférence est l'apanage de la matière qui laisse passer les spires sans faire hâter ni retarder leur marche; il n'y a pas de compression ni de dilatation dans le milieu et par conséquent pas de rupture d'équilibre. Il se fait une neutralisation, comme dans l'induction électrique, quand le courant ne varie pas d'intensité.

Résumons les faits.

Il se produit une polarisation lorsque la vitesse des spires s'accélère ou se ralentit dans le milieu intermédiaire; mais, si elles traversent la matière sans hâter ni retarder leur marche, l'équilibre ne se dérange pas, aucun phénomène ne se montre; la substance est indifférente.

Si les spires sont accueillies favorablement dans le sein de la matière, leur vitesse s'accroît proportionnellement à la facilité de la traversée; en conséquence, l'équilibre du milieu se dérange; il y a tension, et les molécules se polarisent sous la réaction, comme celles du pôle inducteur. Le magnétisme paraît avec plus ou moins d'intensité selon que *le gain dépasse la perte*, en appelant gain toute accélération de la vitesse et perte tout ralentissement.

Au contraire, si les spires sont mal reçues et rencontrent de la résistance, leur vitesse se ralentit proportionnellement; l'équilibre se dérange; il y a réaction dans le milieu, et sa tension fait polariser inversement les molécules. Le diamagnétisme est plus ou moins marqué selon que *la perte dépasse le gain*.

La résistance présentée par les corps diamagnétiques se traduit en toute circonstance par une polarisation inverse. Ainsi par exemple, quand un barreau de bismuth, substance qui repousse le plus les tourbillons d'atomes, est enveloppé d'une bobine magnétisante, il prend deux pôles, comme le fer doux; mais leur polarité est inverse, ce qui prouve que l'enroulement des spires dans l'intérieur du bismuth est contraire de celle des circonvolutions de la bobine.

Influence du milieu ambiant.

Actions réelles des spires magnétiques sur la matière.

D'après les énoncés précédents, la nature du milieu ambiant peut faire varier et changer les propriétés paramagnétiques et diamagnétiques dans certaines substances. Si un corps naturellement magnétique, mais à un faible degré, trouve interposée entre lui et le pôle de l'aimant une matière qui fait ralentir la marche des spires et à cause de cela acquiert une polarisation inverse, il est évident que la présence de cette matière ne sera pas sans influence sur le corps, qui prendra la vertu diamagnétique, ou sera indifférent, ou conservera sa propriété magnétique, selon que l'une des forces l'emporte sur l'autre. En effet, la vertu diamagnétique de l'une des substances peut être supérieure à la vertu magnétique de l'autre, ou lui être inférieure, ou enfin l'équilibrer. Ainsi se trouve résolu d'une manière satisfaisante un problème dont la loi était cachée sous un voile presque impénétrable. Nous n'avons pas cherché cette solution en dehors des attributs eux-mêmes de l'électricité.

Il nous reste à présenter les phénomènes sous leur jour réel. Les spires ne traversent pas la matière; mais elles agissent absolument de la même façon que si elles y pénétraient.

Nous pouvons comparer les actions magnétiques à des vibrations qui, communiquées à une plaque par les ondes sonores, sont répercutées par elle du côté opposé, comme si les ondes avaient traversé la plaque, et cependant il n'en est rien. Si deux substances vibrent à l'unisson, chaque demi-ondulation lancée par l'une trouve sa route tracée par une demi-ondulation semblable de l'autre; les ondes se propagent ainsi, comme les spires magnétiques s'élancent du pôle actif vers le pôle passif. Si au contraire les deux substances ne vibrent pas à l'unisson, les deux ondes se heurtent et se repoussent; une demi-ondulation d'aller rencontre une demi-ondulation de retour. Dans le premier phénomène, il y a absorption, et dans le second répulsion. Enfin l'indifférence se montre quand le corps frappé ne peut acquérir de vibrations.

Telle est la comparaison dont nous pouvons nous servir pour expliquer l'action des spires sur la matière ; seulement le va-et-vient de la plaque qui vibre et fait repartir les ondes sonores de l'autre côté de cette plaque est remplacé par l'apparition de deux pôles contraires, l'un passif, qui reçoit les sensations magnétiques, l'autre actif, qui les répercute du côté opposé en les lançant de nouveau en avant. Comme on le voit, le résultat est identiquement le même; les vibrations par leur va-et-vient, et les pôles par leurs vertus contraires, active et passive, servent d'intermédiaire, les unes pour la transmission des ondes sonores, les autres pour la transmission des ondes magnétiques à travers une substance.

De même qu'un corps est plus ou moins apte à obéir aux vibrations à lui transmises, la matière est plus ou moins bien disposée à répéter les pressions magnétiques; certaines substances, le fer en première ligne, les acceptent avec une facilité telle qu'elles leur communiquent une nouvelle énergie et amènent par là le desserrement des spires; d'autres font très-peu accélérer la vitesse; quant aux substances diamagnétiques, elles présentent une résistance qui fait ralentir la marche et leur donne par la tension du milieu une polarisation inverse; elles agissent comme si elles répétaient des vibrations en désaccord avec celles du corps qui les envoie.

Enfin les substances indifférentes peuvent être comparées à une matière non susceptible de vibrer; elles ne prennent pas de polarisation, ou en acceptent une extrêmement faible, soit qu'elles ne fassent ni accélérer ni ralentir la vitesse de marche des spires et ne provoquent pas de réaction dans le milieu, soit que leur mauvaise conductibilité ne leur permette pas de se polariser. En somme, la transmission des ondes magnétiques ne saurait s'opérer par leur intermédiaire.

Chaque élément de la matière possède des propriétés à lui propres. De même que la conductibilité pour la chaleur et le pouvoir diathermal varient selon le corps qui est soumis à cet agent, de même la vertu de transmission des tensions magnétiques n'est pas identique pour chaque substance; il existe en conséquence différents degrés, depuis le magnétisme du fer jusqu'à l'état de neutralisation, pour aboutir à l'attribut opposé ou diamagnétisme du bismuth.

En somme, les ressorts actif et passif des pôles agissent sur les molécules du milieu intermédiaire pour les mettre en mouvement, tout en leur communiquant une rotation en spirale autour de l'axe de la ligne de force. Nous verrons dans le chapitre suivant quelle influence a ce phénomène étonnant pour amener la translation d'un astre lumineux tel que le soleil.

Le lecteur a pu juger avec quelle logique les faits s'enchaînent dans les actions mystérieuses de l'électricité et du magnétisme. Il y a là une transformation très extraordinaire des forces. Le calorique fait naître l'électricité quand il n'est plus en proportion voulue par la chaleur spécifique d'une molécule, ce qui en amène la contraction ou la dilatation et lui donne des propriétés attractive ou répulsive par un effet de réaction. Comme le calorique est en réalité l'essence même de la force et du mouvement, il transmet ces attributs à l'électricité et par celle-ci aux courants. Les fluides dynamiques à leur tour font surgir le magnétisme, qui est une nouvelle et dernière *métamorphose de l'énergie.* Cette énergie n'est pas une force inutile; nous en verrons l'intervention remarquable lorsque nous décrirons les mouvements des astres et les lois qui les régissent (deuxième partie).

V

LA NÉBULOSITÉ SOLAIRE

LA LUMIÈRE ZODIACALE. — CHUTE DES ATOMES SUR LE SOLEIL. — INDUCTION ÉLECTRIQUE. — RAYONNEMENT DU CALORIQUE ÉTHÉRÉ. — LA LUMIÈRE ÉBLOUISSANTE. — LA FORCE MYSTÉRIEUSE. — RÉACTIONS SUR L'ÉTHER. — PROTUBÉRANCES ET TACHES. — DÉCHARGES ÉLECTRIQUES. — PUISSANCE DE L'ÉTHER.

Les phénomènes dont nous allons nous occuper sont les plus imposants de tous ceux qui existent dans la nature. Il s'agit du renouvellement de la lumière du soleil, fait des plus mystérieux, dont on n'a pu encore entrevoir la solution.

Nous commencerons par dire quelques mots sur la constitution de cet astre extraordinaire, telle qu'elle résulte des observations de M. Janssen en 1871.

Sans parler de la lumière zodiacale, il a été reconnu trois enveloppes gazeuses bien distinctes autour du soleil. Immédiatement au-dessus de la photosphère, qui donne à l'astre son pouvoir rayonnant, on aperçoit une couche formée de vapeurs incandescentes métalliques plus légère que celle de la photosphère; au-dessus vient la chromosphère, couche encore très-chaude, où domine l'hydrogène avec quelques vapeurs métalliques de magnésium; enfin l'atmosphère coronale, beaucoup moins chaude, mais très-tourmentée, se distingue dans une éclipse avec une structure très-curieuse ; plusieurs traînées lumineuses vont se rejoindre dans les parties hautes de la couronne, et leur apparence est celle d'une ogive ou du pétale d'une fleur de dahlia.

D'après M. Janssen, ces traînées lumineuses sont dues à une matière un peu plus dense qui sillonne un milieu tourmenté. Il faut en effet se figurer le soleil comme étant le siége d'une activité formidable; il y a des jets d'hydrogène incandescent qui sont visibles, sous forme de protubérances, jusqu'à une distance de 160, 000 lieues.

M. Janssen ajoute que le rayonnement des nuages métalliques de la photosphère a pour effet de prononcer davantage leur condensation, de rendre plus lourdes leurs parties constituantes, dont les particules retombent alors vers le centre, s'y vaporisent de nouveau et sont ramenées à la surface par les courants hydrogénés, et le cycle recommence pour se continuer indéfiniment.

La chaleur énorme du noyau de l'astre et l'action des agents physiques nous expliquent le mouvement continuel qui s'opère dans les gaz des enveloppes;

mais quelle est la cause elle-même de la chaleur du noyau? Pourquoi sa permanence depuis des milliards d'années? Un astre, siège d'une activité calorifique si intense, devrait s'être refroidi depuis longtemps. Peut-on même le comparer à un globe simplement incandescent qui envoie ses rayons dans tous les sens? Mais alors les couches superficielles seraient les premières à se refroidir, et elles se solidifieraient, comme cela arrive sur une planète. Or il en est tout autrement pour le soleil; ce sont au contraire les couches superficielles qui lui donnent son éclat et son pouvoir calorifique illimité; des vapeurs, portées à un échauffement inouï, l'enveloppent de toutes parts. Nous ne connaissons rien de son noyau; mais nous devons supposer qu'il est à l'état liquide, par l'effet même de la pression qui oblige les particules gazeuses à changer d'état.

En résumé, la lumière du soleil semble être due, non à une cause intérieure, mais bien à une cause extérieure. C'est ce phénomène que nous allons examiner.

La lumière zodiacale.

D'après les idées actuelles des physiciens, la chaleur lancée de tous côtés par le soleil serait la conséquence d'une concentration de la matière cosmique commencée il y a des milliards d'années. Nous avons la conviction que cette condensation est encore en activité aujourd'hui et que des particules éthérées innombrables ne cessent d'arriver sur le soleil et, dans leur chute, entretiennent comme jadis la puissance de ses rayons.

Nous apercevons dans le ciel d'immenses nébuleuses dont la concentration fait naître des étoiles sans nombre. L'extrême densité du nuage cosmique finit par se dissiper à mesure que les atomes retournent dans l'espace et l'éther reprend peu à peu sa consistance ordinaire; néanmoins il reste autour de chaque centre une *nébulosité*, composée simplement des particules attirées par l'étoile même pour servir à son entretien journalier. Cette nébulosité n'a aucun point de ressemblance avec le prodigieux amas cosmique très-compacte qui a formé les centres d'attraction; elle n'a pas son origine dans l'oscillation éternelle du milieu dont nous avons fait mention, et elle est uniquement due à la force attractive de l'astre rayonnant; c'est pourquoi elle est d'une densité si faible qu'elle est complètement invisible ; la disposition de la *lumière zodiacale* dans le sens de l'écliptique nous montre que les particules de l'éther attirées par le soleil se condensent davantage dans cette région sous la force centrifuge, y dégagent un certain calorique par leur concentration et donnent lieu à la lumière elle-même, que nous voyons le soir ou le matin au-dessus de l'horizon.

M. William Thompson a très-bien compris que la lumière zodiacale indiquait un réservoir d'alimentation de la chaleur solaire; mais ce savant distingué attribue le phénomène à la chute d'une foule de météores et d'aérolithes donnant du calorique par le choc. Bien que nous ne contestions pas leur chute, nous ne saurions admettre cette simple action comme la cause de la lumière ; tout au plus ferait-elle naître une chaleur faible et obscure. Or réfléchissons qu'il y a un abîme entre un pareil calorique et la lumière si intense du soleil, dont la quantité rayonnée est de 2300 millions de fois aussi forte que toute la chaleur transmise à la terre, laquelle est cependant énorme, malgré la distance, puisqu'elle ferait fondre en une année une couche de glace de 30 mètres d'épaisseur à sa surface.

Sans l'action mécanique de sa nébulosité et des atomes qui y sont condensés, la permanence de la lumière du soleil depuis un passé si reculé qu'il est incalculable serait tout à fait incompréhensible. On a parlé d'une condensation progressive de ses propres matériaux ; mais il faudrait que ce resserrement fût assez rapide et ne s'arrêtât jamais pour être une source de rayonnement aussi prodigieux ; or, d'après les plus anciennes observations sur les éclipses, le diamètre du soleil n'a pas subi la plus petite altération. Il faut donc chercher dans un autre phénomème la cause d'une lumière si intense qui n'a pas cessé de rayonner depuis des milliards d'années; il y aurait déjà longtemps que le soleil se serait éteint comme une lampe privée d'huile, si sa clarté ne se renouvelait sans discontinuité au sein même du milieu qui l'a enfanté et continue à le nourrir. L'action mécanique ne s'arrête jamais, et encore et toujours de la chaleur est mise en liberté et rayonne avec une force inouïe.

La lumière éblouissante.

Induction électrique. — Chute des atomes. — Rayonnement du calorique éthéré.

Nous allons tâcher de résoudre le problème par l'hypothèse qui nous semble la plus rationnelle.

Le calorique éthéré commence à rayonner quand les atomes se resserrent et se condensent, ainsi que le montrent les nébuleuses et aussi la lumière zodiacale. Un calorique bien autrement intense est émis lors de la chute des particules, et la chaleur mise en liberté donne la lumière éblouissante. Il y a aussi dans le phénomène une induction électrique et une recombinaison de fluides, comme dans les combinaisons chimiques.

Quand nous réfléchissons à la vivacité inouïe de cette lumière et à sa quantité incommensurable émise depuis un passé infiniment lointain, nous ne pouvons l'expliquer que par un phénomène analogue à celui des combinaisons chimiques faites avec rapidité et même plus puissant encore. Comparons l'effet calorifique produit par la chute d'un corps pesant un kilogramme et celui causé par l'union de deux substances hétérogènes ayant le même poids, et nous trouverons une différence infinie entre les deux sources de chaleur.

Le choc du corps entier n'est à aucun point comparable au choc successif des molécules dont il se compose et qui viennent à tour de rôle s'unir en obéissant à leurs affinités naturelles; c'est que dans le premier cas il y a simple choc sans modification de la substance, et, dans le second cas, la modification met en liberté une quantité prodigieuse de calorique latent. Là est évidemment la solution du problème. La matière qui tombe est très-ténue; mais elle contient un calorique énorme et le dégage par sa condensation incessante. Les particules éthérées qui arrivent sur le soleil n'ont pas la même densité que celles qui, à l'état de gaz hydrogène enflammé, font partie de l'atmosphère de l'astre; les atomes nouveaux sont donc au plus haut point hétérogènes avec les anciens; et étant isolés, libres de se mouvoir suivant les forces qui le sollicitent, et animés en outre d'une grande vitesse, due à leur énorme énergie de position, ils se précipitent avec violence et se condensent sur eux-mêmes en se combinant. S'opère-t-il des unions chimiques ordinaires? Cela est possible; néanmoins la plupart ne persistent pas; la température très-élevée du soleil s'oppose à leur stabilité; mais apparaît un autre phénomène bien plus remarquable et dont la force immense amène un dégagement de chaleur beaucoup plus intense; ce phénomène est celui de la formation des corps simples par la condensation plus ou moins prononcée de l'atome éthéré, type unique de la matière dans l'espace de toute éternité, et par les différentes combinaisons de ces atomes avec ceux déjà condensés du soleil.

Réfléchissons à quel degré inouï les particules qui tombent sur l'astre sont hétérogènes avec celles qui en font partie; remarquons la puissance de la force électromotrice et la violence du choc qui résulte de la vitesse avec laquelle elles se précipitent dans leur chute, sous l'induction et l'énergie potentielle, et nous comprendrons qu'il doit se manifester là des effets bien supérieurs à ceux d'une simple combinaison chimique. Que représente la chaleur dégagée lors d'une union, si ce n'est le mouvement mécanique d'une force immense qui se fait entre molécules hétérogènes sous une induction? Pour les désunir ensuite, il faudrait leur restituer cette même chaleur, qui est l'équivalent de la force mécanique et qu'elles ont émise au moment de la combinaison. Un choc est donc le résultat final d'un mouvement arrêté brusquement, lequel se transforme en calorique; tout corps qui émet de la chaleur, sans l'avoir reçue auparavant d'une source étrangère, la tire de son propre sein par la compression ou le resserrement de ses molécules; donc, si un choc prodigieux se fait à la surface du soleil en vertu d'une grande énergie de position entre atomes très-hétérogènes, il se produira une extrême condensation de la matière cosmique avec une force telle que la température solaire elle-même sera impuissante pour la détruire et que chaque corps simple désormais stable se maintiendra à l'état de vapeurs à la superficie de l'astre; ces vapeurs se disposent en couches par ordre de densité.

Telle est la cause infiniment probable de la lumière; elle est due à une puissance mécanique semblable à celle qui se déploie dans toute combinaison chimique et provient du calorique éthéré, lequel est immense, relativement au nombre des molécules du milieu universel et rayonne avec une intensité extraordinaire par la condensation de ses atomes. L'énergie potentielle des particules se convertit en énergie de mouvement et se change finalement en chaleur rayonnée lorsque le mouvement s'est arrêté brusquement par le choc.

On comprendra quel foyer d'activité doit résider à la surface du soleil en réfléchissant aux quantités prodigieuses de calorique et d'électricité qui résultent des combinaisons incessantes dont nous venons de parler, et ces combinaisons sont probablement successives, c'est-à-dire que tels éléments déjà condensés avec les gaz superficiels de l'atmosphère coronale retombent ensuite vers la chromosphère, y subissent encore d'autres combinaisons, passent alors dans la photosphère, où ils se modifient de nouveau, et enfin arrivent sur le soleil même, après avoir dégagé des torrents de chaleur et d'électricité. A leur tour, ces deux agents provoquent une perturbation continuelle dans les diverses atmosphères de l'astre et renvoient vers les couches extérieures des gaz de toute espèce, surtout l'hydrogène; des recombinaisons de fluides électriques s'y font tantôt d'une manière normale, tantôt d'une manière anormale, et donnent naissance à des commotions d'autant plus terribles que ces fluides produits par la formation des corps simples ont une intensité et une tension qui nous sont inconnues, mais que nous devons présumer inouïes d'après la force mécanique énorme qui préside à de semblables unions, dont les combinaisons chimiques ordinaires ne sont qu'une bien faible image. D'après la puissance de telles forces en jeu, nous ne serons plus surpris de ces phénomènes bizarres constatés par M. Janssen : protubérances ou jets de gaz enflammés, granulation générale et variable dans la photosphère, comme si cette couche était dans un équilibre imparfait constamment troublé par des courants gazeux qui brisent sans cesse l'enveloppe fluide ; enfin les traînées lumineuses qui s'aperçoivent dans l'atmosphère coronale indiquent également des perturbations dues peut-être à des décharges électriques ininterrompues, comme celles produites par la pile, et amenées par la précipitation des éléments qui ont subi une première condensation dans leur chute.

L'électricité doit en effet jouer un grand rôle à la surface du soleil; elle surgit abondamment par la formation des corps simples et se distribue positivement et négativement sur les éléments qui tombent et sur ceux qui font déjà partie de l'astre. De là une induction qui donne lieu à la chute de nouveaux atomes, et les effets se produisent sans interruption; des fluides d'une tension que nous ne pouvons imaginer se développent à la surface du soleil et se traduisent sans aucun doute en courants énergiques. Il faut évidemment une tension extraordinaire pour pouvoir agir sur les atomes de l'éther et en amener la chute; ces atomes sont bien attirés vers le soleil, comme vers tous les corps qui leur font sentir une attraction; mais cela ne suffit pas pour les faire tomber. Afin de vaincre la réaction que le milieu oppose chaque fois qu'il se dilate et se refroidit, une induction est indispensable, comme dans les combinaisons chimiques, avec cette différence que, pour entraîner les atomes éthérés, la tension doit être inouïe, telle que les corps simples peuvent seuls la produire par leur formation.

Les fluides d'une puissance énorme qui se développent à la surface de l'astre, ne pouvant s'accumuler indéfiniment, se recombinent sans cesse par des décharges entre les couches gazeuses inférieures et supérieures et donnent lieu à des orages auxquels les perturbations de l'atmosphère terrestre ressemblent comme une goutte d'eau à l'Océan; très-souvent, ces décharges se font brusquement et prennent un degré d'énergie d'autant plus redoutable que, par leur accumulation, les fluides solaires ont acquis plus de tension.

Tous ces phénomènes sont bien mystérieux et ne peuvent que donner lieu à des hypothèses plus ou moins fondées; nous ne pensons cependant pas nous tromper en attribuant aux effets du calorique et de l'électricité ces perturbations, dans lesquelles les décharges et les brusques refroidissements qui en sont les conséquences doivent jouer un grand rôle, en troublant continuellement l'équilibre des enveloppes solaires.

Nous connaissons maintenant la cause probable de la lumière du soleil et de sa permanence à travers les âges. Doit-elle être éternelle? Là-dessus, il est difficile de se prononcer; cependant, si nous considérons que rien n'est éternel, si ce n'est les atomes indestructibles de l'éther, et que tout phénomène est une évolution, nous devons présumer que la lumière du soleil, déjà moins vive sans doute qu'à l'époque de sa formation, doit s'affaiblir peu à peu, mais d'une manière tellement lente qu'elle est tout à fait inappréciable, dans une période se chiffrant par millions d'années. Ce phénomène ne saurait provenir d'un appauvrissement du milieu, l'éther restant constamment jeune, mais plutôt d'une décroissance insensible de la puissance inductrice de l'astre; de même que le corps humain perd sa force vitale en vieillissant, malgré sa nourriture quotidienne, car il est soumis aussi aux lois de l'évolution.

C'est l'énergie seule de la tension qui peut agir sur les atomes de l'éther et les faire obéir; admettons que, par conductibilité à travers le milieu, la puissance de la tension actuelle doive baisser tant soit peu dans un avenir très-lointain : la lumière aura un éclat un peu plus faible, car moins d'atomes obéiront à l'induction; insensiblement, la lumière passera par toutes les couleurs du spectre, jusqu'à ce qu'elle s'éteigne tout à fait.

Quelle sera alors la destinée du soleil? Il passera tout simplement à une nouvelle phase de son évolution; il lui arrivera ce qui est arrivé à tant d'autres globes autrefois lumineux, maintenant ses tributaires; après avoir engendré la vie sur les planètes sans pouvoir la produire dans son sein, le soleil sera à son tour le siège de la vie.

Il est évident que les planètes ont été autrefois lumineuses à l'instar du soleil, puisqu'elles n'ont pu se former que par un rassemblement d'atomes éthérés en quantité incalculable au sein de la nébuleuse; ce rassemblement a enfanté un calorique inouï, tant par la condensation des particules que par la formation des corps simples eux-mêmes. La planète a donc dû jeter un vif éclat en faisant rayonner le calorique; c'est là une loi physique incontestable, et, si elle l'a perdu un jour, il doit en arriver autant au soleil dans un avenir infiniment lointain. Sans force, sans lumière, il finira par tomber sous l'attraction d'un autre astre lumineux dont il sera désormais l'esclave, une vie nouvelle recommencera alors pour lui, mais il ne tiendra plus qu'un rang secondaire dans les cieux; en revanche, il deviendra habitable et sera habité.

Pour résumer les considérations précédentes, nous dirons que la grande puissance inductrice du soleil, ou force de tension, lui a été donnée lors de sa formation au sein de la nébuleuse, alors qu'une quantité incroyable d'atomes éthérés, poussés par leur force mécanique propre (énergie potentielle), tombaient sur lui sans discontinuité. Après la dissipation du nuage cosmique, les atomes ont continué néanmoins à pleuvoir sur l'astre, grâce à la puissance de la tension des fluides électriques, quoique en nombre bien moins considérable qu'à l'origine des temps; en conséquence, la force inductrice s'est amoindrie, mais très-lentement, parce que les éléments éthérés, dans leur chute, développaient à leur tour de nouveaux fluides. La décroissance inappréciable de la tension continue toujours, et il arrivera nécessairement qu'un jour la chute des atomes ne sera plus assez abondante pour entretenir l'éclat de la lumière. C'est là un phénomène d'évolution qui constitue la phase la plus importante de la vie du soleil.

En même temps que les atomes tombent, ils se condensent sur eux-mêmes et accroissent le volume de l'astre; mais, depuis que le nuage cosmique s'est dissipé, ces atomes constituent une matière trop ténue pour qu'une différence, quelque minime qu'elle soit, du diamètre du soleil, soit appréciable, même après une très-longue période de siècles; ce phénomène provient non-seulement de ce que les atomes de l'éther représentent de la matière réduite à son dernier degré de division, mais de ce qu'ils se condensent continuellement dans le sein de l'astre, par suite de la pression faite sur l'intérieur du noyau à mesure que ce noyau s'accroît. Le dégagement de la chaleur qui résulte de cette compression ou condensation continuelle s'ajoute à la lumière produite par les combinaisons chimiques de la superficie et contribue à l'éclat, bien que dans une mesure plus restreinte.

Ainsi la lumière est le résultat de deux causes; la première est occasionnée par les combinaisons chimiques qui donnent naissance aux corps simples et composés et engendrée par la recombinaison continuelle des fluides électriques dégagés par les unions des atomes; la seconde est produite par la compression des matériaux qui augmentent le volume du soleil et par leur passage de l'état gazeux à l'état liquide. Après avoir réfléchi sur ces divers phénomènes, nous ne serons plus étonnés de la vivacité de la lumière et de sa permanence à travers les âges.

La force mystérieuse.

Causes de la translation et de la rotation du soleil. — Le magnétisme de l'astre. — Réactions sur l'éther.

Nous allons maintenant examiner les causes présumées de la translation et de la rotation du soleil.

Pour la rotation, on a dit que tout astre qui se déplace est de ce fait animé d'un pivotement sur lui-même, mais on n'explique pas pourquoi, et à vrai dire l'explication serait difficile à donner. Le soleil n'agit pas comme une roue de voiture, qui tourne parce qu'elle s'appuie sur le sol; dans le ciel, il n'y a ni haut ni bas, aucun frottement sur la face d'un globe plutôt que sur l'autre, et on ne comprend nullement pour quel motif sa marche serait nécessairement accompagnée d'un pivotement sur son axe; aucune loi ne l'exige. Les planètes, il est vrai, tournent sur elles-mêmes; mais nous démontrerons dans la seconde partie de l'ouvrage que c'est par suite d'un dérangement incessant de leur centre de gravité en face du soleil, dérangement occasionné par les effets du calorique de l'astre lumineux dans leur sein. Quant à la rotation du soleil, sa cause est très-mystérieuse, d'autant plus qu'elle nous présente un spectacle extraordinaire, celui d'une plus grande rapidité au centre qu'aux pôles. Nous verrons la cause de cette bizarrerie. Occupons-nous d'abord de la translation.

Nous voudrions que le lecteur fût persuadé que rien ne se produit sans cause dans la nature. Un astre ne saurait se mouvoir sans obéir à une loi ou force quelconque, connue ou inconnue.

On a parlé d'une impulsion primitive. Il est très-commode de se tirer d'une difficulté de cette manière; mais d'où provient l'impulsion? A quelle loi se relie-t-elle? Nous n'en trouvons aucune. Beaucoup de personnes croiront avoir résolu le problème en attribuant l'impulsion au bras ou à la volonté du Créateur; mais nous leur ferons observer que, si c'est par une telle assertion que nous prétendons expliquer les phénomènes obscurs et impénétrables de la nature, les recherches sont parfaitement inutiles, et il n'est nul besoin de se donner la peine d'approfondir les choses. La volonté du Créateur! cela dispense d'autre raison et répond à tout.

Nul plus que nous ne s'incline avec respect devant la majesté divine, mais nous sommes très-convaincu que sa volonté s'est traduite par l'établissement de lois fixes et immuables, et ce sont ces lois qu'il s'agit de découvrir. La science ne peut se payer de mots vagues, et sa mission est d'étudier la matière et de s'efforcer d'en connaître les propriétés ainsi que les forces auxquelles elle obéit. A chaque mouvement correspond une force; si les molécules se séparent les unes des autres, nous savons que c'est le calorique qui les contraint à ce mouvement, et il ne vient à l'idée de personne de l'attribuer à la volonté du Créateur. Si au contraire les molécules se portent les unes vers les autres, on comprend que c'est en vertu d'une propriété ou force inhérente à la matière.

Pourquoi donc en serait-il autrement pour les astres, ces molécules des cieux? Aucun mouvement ne peut s'opérer dans l'espace sans l'intervention d'une force. Les globes s'attirent les uns les autres, comme les molécules matérielles; s'ils se séparent ou résistent à l'attraction, c'est que d'autres forces interviennent, calorique ou électromagnétisme; mais nous rejetons hardiment la conception d'une impulsion primitive que l'astronomie est obligée de mettre en avant pour expliquer la force centrifuge et le mouvement des astres.

Nous consacrerons un chapitre spécial pour démontrer l'impossibilité de l'impulsion initiale et la nécessité d'une force éternelle non soupçonnée jusqu'à présent.

Nous prouverons que de deux choses l'une :

Ou une planète, animée d'une vitesse plus grande que la force d'attraction d'un globe près duquel elle passe, n'obéit pas à la puissance d'appel dans la première section de son parcours (route suivie avant d'arriver à proximité) ; mais alors elle n'obéira pas davantage dans la seconde section, et elle continuera son chemin sans dévier. Cela est évident.

Ou la planète, animée d'une vitesse plus modérée, obéit à l'attraction, mais elle le fera dans la première section, et, sa route s'infléchissant de plus en plus, elle ira directement tomber sur le centre du globe qui l'influence.

Dans l'un et dans l'autre cas, il n'y aura pas de gravitation, de même qu'un fragment de fer doux lancé dans le voisinage d'un aimant passe outre, ou va s'appliquer contre lui, mais ne décrit jamais une circonvolution. Pour amener une gravitation, il faut nécessairement deux facteurs. Une seule force, l'attraction, ne peut que déterminer une chute.

Avons-nous besoin d'ajouter qu'une impulsion initiale imprimée au soleil ou aux planètes aurait été anéantie depuis longtemps par la résistance du milieu éthéré? Il y a là en effet une cause de frottement qui, si faible qu'on la suppose, aurait suffi, depuis tant de milliards d'années, pour détruire la force première d'impulsion, et à moins de dire que le bras de Dieu doit être continuellement appliqué sur les astres pour leur faire vaincre le frottement de l'éther..... Arrêtons-nous ; ce serait par trop rabaisser la majesté de Dieu que de le supposer occupé à une pareille besogne mécanique! Dieu tout-puissant ne pouvait-il simplement créer des lois? C'est ce qu'il a fait, et ce sont ces lois inhérentes à la matière qu'il s'agit de trouver.

Quelques savants ont pensé se tirer d'affaire en attribuant le mouvement du soleil à celui de la nébuleuse primitive dont il faisait partie ; mais c'est retomber d'une difficulté dans une autre, car on demandera pourquoi la nébuleuse tournait sur elle-même. Il y a encore là une loi qu'il faut découvrir. Nous reconnaîtrons que la nébuleuse était en effet animée d'un mouvement de rotation ; seulement cette force existait à l'époque de sa condensation, et il y a un temps infini qu'elle a disparu. Attribuer la translation du soleil à une puissance du passé qu'aurait anéantie depuis longtemps la résistance du frottement, ce n'est pas là une solution du problème. Et puis il nous semble que le soleil piétinerait sur place ; se trouvant à peu près au centre de la grande nébuleuse, la translation de l'astre devrait se borner à le faire tourner dans le même cercle. Un tel mouvement est-il logique? Dans quel but se ferait-il ? Or, dans la nature, tout a un but.

Nous avouons au lecteur que nous avons longtemps cherché sans pouvoir la trouver la cause de la translation du soleil, cause que nous savions devoir exister, mais qu'il nous était complètement impossible de soupçonner. Le soleil est bien le centre d'une énergie immense ; mais pourquoi, dans un milieu homogène, cette énergie se traduirait-elle par un mouvement dans un sens plutôt que dans un autre ? Ce n'est qu'après avoir obtenu la solution des phénomènes électriques et magnétiques *que le secret de la force mystérieuse nous fut enfin révélé*, nous le croyons du moins, car la nature cache ses forces sous un voile si impénétrable qu'il faut toujours parler par hypothèses et faire ses réserves.

C'est le magnétisme lui-même dont est doué l'astre du jour qui amène son déplacement dans les cieux. Les courants dont il est sillonné le constituent en véritable aimant.

D'après la définition de l'aimant telle que nous l'avons entrevue, les deux pôles boréal et austral sont de constitution différente et réagissent d'une manière inverse sur l'éther, en imprimant un mouvement de rotation à ses atomes polarisés et leur faisant décrire une multitude de tourbillons moléculaires autour d'axes qui figurent les lignes de force. L'un des pôles a un pouvoir émissif (actif), c'est-à-dire lance loin de lui les atomes, qui décrivent des mouvements de rotation en s'éloignant ; l'autre pôle, au contraire, a un pouvoir absorbant (passif), c'est-à-dire attire à lui les particules tournantes. Il n'existe pas là cette force magnétique qui se manifeste entre les pôles des aimants et qui développe une énergie extraordinaire par suite du desserrement ou du resserrement des spires éthérées, et fait rapprocher ou éloigner les pôles; le soleil n'est pas placé en face d'un autre aimant et par conséquent ne fait ni comprimer ni dilater le milieu, mais il n'en réagit pas moins sur lui, d'un côté en repoussant les tourbillons moléculaires qui suivent les lignes de force, d'un autre côté en les attirant. De cette double réaction inverse sur le milieu naît la translation, les tourbillons étant en nombre incalculable autour des pôles de l'aimant.

Considérons que le soleil est isolé dans l'espace et n'est par le fait *soumis à aucune espèce de frottement,* puisque l'éther, loin de lui opposer une résistance, lui trace lui-même sa route par le déplacement de ses tourbillons moléculaires; il est donc évident que l'astre ne saurait rester immobile dans un milieu qui se déplace sous la force motrice communiquée, laquelle lui donne des rotations d'une vitesse extrême. L'absence de frottement est un phénomène dont il faut tenir compte; nous en avons un exemple lorsqu'une force minime met en mouvement une énorme embarcation sur l'eau dormante, le frottement dû à la pesanteur étant très-atténué.

Nous avons déjà constaté deux mouvements d'origine différente occasionnés par des réactions de l'éther.

Le premier a lieu entre deux aimants; il consiste en une attraction quand des pôles contraires sont en présence ou en une répulsion si les pôles sont semblables : ils amènent une dilatation ou une compression dans le milieu qui, réagissant, fait rapprocher ou éloigner les aimants.

Le second mouvement, incomparablement plus faible que le précédent, est la pesanteur qui se fait sentir entre deux astres ou mobiles; ceux-ci font dilater le milieu en exerçant une attraction mutuelle sur ses atomes, qui, sollicités en deux sens opposés, réagissent; l'éther se contracte et occasionne la chute. Cette force est excessivement faible à côté de l'énergie qui se déploie entre les aimants; en effet, ceux-ci ont la faculté de se porter l'un vers l'autre malgré l'attraction du globe; mais deux mobiles suspendus à des fils différents, et mis en présence, conservent leurs positions respectives; l'attraction de la terre ne permet pas un mouvement de rapprochement entre eux. Il faut donc l'énorme masse de la planète pour donner à la pesanteur son importance à l'égard des objets placés à sa surface.

Le calorique agit à l'inverse de la pesanteur; il amène une séparation entre deux astres ou mobiles en forçant les atomes de l'éther à vibrer davantage; de là une réaction par suite du resserrement trop grand des particules soumises à un accroissement de calorique; le milieu se dilate sous cette réaction et occasionne la séparation des astres. Nous verrons dans la gravitation les effets de cette force expansive pour amener le mouvement, concurremment avec la force attractive (translation dans une orbite elliptique).

Un dernier mouvement, de même énergie peut-être que la pesanteur, est engendré par le magnétisme si, au lieu de se faire d'un pôle à l'autre, les réactions ne se produisent que sur le milieu lui-même ; l'intervention d'un aimant voisin ne forçant pas l'éther à se comprimer ou à se dilater, les réactions sont évidemment assez faibles, et il faut une absence complète de frottement pour déterminer la marche rapide du soleil, sous l'action des ressorts magnétiques (pôles actif et passif).

C'est par suite de leur faiblesse que ces réactions ne peuvent être constatées sur un aimant non influencé par un autre aimant; or nous avons vu qu'il en était de même pour la pesanteur entre deux mobiles suspendus. Disons enfin que si l'énergie entre deux pôles magnétiques donne lieu, ainsi que pour l'attraction universelle, à une vitesse accélérée, à cause du rapprochement progressif, il ne saurait en être de même pour la translation du soleil, qui réagit toujours également sur le milieu et s'avance d'un pas uniforme, comme le navire dont l'hélice chasse l'eau avec une énergie constante.

L'astre lumineux agit à la fois sur l'éther par attraction et par répulsion, c'est-à-dire réunit les deux forces rivales que nous avons remarquées dans les mouvements précédents et qui concourent ici pour faire naître la marche dans une direction unique; c'est une des plus merveilleuses transformations du calorique en mouvement qui existent dans la nature.

Un pareil problème, aussi peu prévu, étonnera certainement le lecteur; mais, après réflexion, il comprendra qu'il y a un lien intime entre le soleil et le milieu qui l'entoure ; que, doué d'une force motrice propre engendrée par l'électricité, l'astre agit par réaction sur ce milieu, comme le navire par son hélice sur l'eau qui est son point d'appui. Il ne refusera pas surtout à un pareil globe, doué de tant d'énergie, le pouvoir de se déplacer, lui qui est la source de toutes les forces dont nous disposons, lui sans l'intervention duquel tout serait réduit à l'immobilité absolue! Evidemment, le mouvement ne saurait ne pas régner là d'où nous vient le mouvement. Le magnétisme est simplement une transformation de l'énergie dont le soleil est le centre, et qu'il reçoit des atomes par leur chute.

La translation de l'astre est une loi indispensable, celle de *conservation ;* en effet, le soleil est un foyer qui doit être alimenté sans cesse, et chaque jour il lui faut sa moisson d'atomes pour entretenir sa clarté, absolument comme le corps humain a besoin d'une nourriture quotidienne, étant lui-même une véritable machine à feu. Si le soleil gardait l'immobilité, à force de dilater l'éther, celui-ci finirait par ne plus être assez dense dans son voisinage immédiat pour lui envoyer la matière cosmique nécessaire, et la clarté s'affaiblirait peu à peu ; l'induction diminuant d'énergie, le globe perdrait bientôt sa lumière et s'éteindrait comme une lampe privée d'huile. Ce danger est évité par la translation qui permet à l'astre de ne pas épuiser le milieu. Tout a une cause dans la nature, qui ne met jamais en jeu des forces inutiles et n'engendre pas de mouvements sans but.

Quant à la rotation du soleil, son origine est tout aussi mystérieuse; mais nous sommes persuadé que sa cause est due à une force mécanique extérieure; en effet, la photosphère se déplace plus vite vers l'équateur qu'aux pôles, ce qui n'arriverait pas si l'astre était animé d'un simple mouvement de rotation, comme celui des planètes. Il y a évidemment un rapport intime entre l'accélération de la marche des taches à l'équateur et la forme elle-même de l'amas cosmique appelé lumière zodiacale, disposée en fuseau ou disque aplati, disposition commune à un très grand nombre de nébuleuses et qui semble annoncer un mouvement de rotation dont la force centrifuge éloigne les particules sur le plan de l'équateur.

Supposons en effet la nébulosité solaire douée d'un vif mouvement de rotation sur elle-même, et cette rotation nous explique celle du soleil, et en même temps la bizarrerie extraordinaire de la marche plus rapide des taches dans la région équatoriale, puisque les atomes qui tombent y sont plus nombreux, resserrés qu'ils sont par l'effet de la force centrifuge. Leurs chocs se font obliquement sur l'atmosphère coronale, et celle-ci, en tournant sous ces chocs répétés, entraîne la chromosphère; à son tour, la photosphère obéit à l'impulsion, et enfin l'astre lui-même.

Pourquoi ce tourbillonnement de la nébulosité solaire, ainsi que celui des grandes nébuleuses? Il ne faut pas perdre de vue que rien ne se produit sans cause; si un mouvement quelconque est constaté, c'est que des forces interviennent pour le produire. D'après les réflexions que nous avons faites à ce sujet, le tourbillonnement d'une nébuleuse est dû à deux forces qui agissent sur les atomes *en raison inverse du carré des distances*. La première est la puissance attractive qui dans la nébulosité solaire fait pleuvoir les particules sur l'astre avec une vitesse accélérée; pour les grandes nébuleuses, la condensation a comme origine la force mécanique qui fait pencher la balance en faveur de l'attraction (voir chap. I).

La seconde force est la puissance répulsive du calorique. Les atomes attirés éprouvent de plus en plus les effets de cet agent qui est l'essence du mouvement et cherche à les repousser. Ne pouvant y parvenir, parce que la force attractive issue d'une énergie potentielle immense reste supérieure, il emploie son influence à leur transmettre un mouvement de translation et à les faire graviter autour du foyer de chaleur, absolument comme les planètes circulent autour du soleil.

Il nous faut faire ici une digression et anticiper sur les descriptions du deuxième volume, afin d'expliquer l'action du calorique pour amener la gravitation des planètes ainsi que le tourbillonnement des atomes dans les nébuleuses.

Les lois de Képler

Mécanisme de la gravitation. — Réactions calorifiques sur l'éther. Puissance du soleil sur ses tributaires.

L'action du soleil sur les planètes n'est pas simple, mais s'opère au moyen d'un mécanisme assez compliqué qui régit aussi les étoiles multiples. L'éther sert de véhicule pour transmettre la puissance calorifique d'astre en astre.

Un globe chaud est doué d'une force répulsive due à sa chaleur intrinsèque et aussi d'une force attractive proportionnelle à sa masse. Si deux astres incandescents attirés l'un vers l'autre se rapprochent à un point tel qu'ils peuvent réagir mutuellement et se transmettre leurs vibrations avec intensité, il arrivera nécessairement que la force répulsive l'emportera sur la force attractive, et alors, par suite des réactions du milieu, ils devront se fuir avec d'autant plus de vitesse que leur échauffement réciproque est devenu plus grand. En effet, la première molécule de l'éther qui se trouve en contact avec l'un des corps incandescents est plus repoussée qu'attirée et est refoulée sur la molécule suivante en vibrant davantage; celle-ci suit le mouvement et s'éloigne également en vibrant avec plus de vivacité; la troisième particule agit de même, et ainsi de suite dans toute la chaîne, qui éprouve une compression due à ce que les atomes, repoussés des deux côtés à la fois par les globes en présence, se resserrent et ont au contraire besoin de plus de place pour vibrer. Ce resserrement engendre une réaction; les deux astres s'écartent l'un de l'autre, afin de permettre au milieu de desserrer sa trame en se dilatant. La vitesse de la fuite est précisément inverse de celle qui se produit sous la pesanteur, car le ressort de l'éther se détend à mesure que les deux corps incandescents s'éloignent, tandis que dans la chute le ressort se tend de plus en plus et fait accélérer la vitesse. Les lois de Képler sont basées sur ce phénomène; la décroissance de la marche lors d'une séparation et sa croissance lors d'un rapprochement nous expliquent la loi des aires.

Les étoiles doubles et multiples obéissent donc aux règles de la gravitation; attirées mutuellement, parce que leur force attractive l'emporte d'abord sur leur force répulsive, ces étoiles arrivent à une proximité telle que leurs vibrations se transmettent de l'une à l'autre et finissent par donner la prépondérance à la force répulsive; elles se fuient alors jusqu'à ce que, par l'éloignement dans l'espace, le refroidissement permet à la force attractive de reprendre son empire et les fait se rapprocher de nouveau pour recommencer le même jeu.

Comment deux étoiles peuvent-elles se transmettre assez de calorique pour réagir sur l'éther et acquérir une puissance répulsive ? A première vue, la chose est difficile à comprendre; mais le phénomène résulte d'un mécanisme particulier qui fonctionne également sur les planètes. En l'expliquant pour celles-ci, nous saurons en même temps de quelle manière les actions se passent entre étoiles accouplées.

Un astre quelconque, étoile, planète ou comète, s'est formé par une agglomération progressive d'atomes qui, se resserrant de plus en plus sous la pression croissante, ont constitué des couches successives plus denses vers le centre qu'à la circonférence. La matière étant conductrice du calorique, les rayons solaires qui frappent une planète depuis l'origine des temps pénètrent dans ses entrailles et s'avancent en convergeant sur son centre, par l'effet de la réfraction qu'ils éprouvent *en passant d'un milieu dans un autre plus dense*, de même que les rayons se réfractent de plus en plus dans l'atmosphère à mesure qu'ils se rapprochent du sol.

En réalité, c'est le calorique venu du soleil qui entretient sa chaleur dite centrale par la convergence des rayons. Nous savons que nous attaquons là une idée admise comme parole d'Évangile : *le refroidissement très-lent de la terre;* mais que d'idées erronées existent encore au sujet des forces de la nature !

Un refroidissement lent de l'écorce s'est produit lors de l'extinction de la lumière de l'astre, parce que cette écorce est soumise aux règles ordinaires de la conductibilité; mais, depuis que la terre tient son rang dans le système solaire, il ne se fait plus qu'une fluctuation continuelle dans la chaleur centrale entretenue par l'astre du jour. C'est grâce à la force vive transmise par celui-ci dans son sein que la planète peut accélérer son mouvement si elle s'approche du globe lumineux, ou le ralentir si elle s'en éloigne; autrement dit, l'augmentation ou la diminution de la force calorifique fait précipiter ou retarder la marche de la planète.

On nous objectera qu'il y a à cela une impossibilité consistant dans la lenteur de la conductibilité du calorique à travers la matière et que cette lenteur ne saurait permettre les effets prompts qui se manifestent de l'aphélie au périhélie et *vice versâ*.

Cette objection est grave, il est vrai, et nous l'avons pesée à sa valeur; mais nous avons acquis la conviction que le phénomène doit être examiné sous un autre point de vue. La terre ne ressemble pas à une substance ordinaire, qui présente toujours une résistance plus ou moins grande à la conductibilité, parce que la matière réagit et s'oppose au dérangement de son équilibre.

La planète est régie par d'autres lois. Nous savons qu'une substance comprimée mécaniquement fait rayonner ses vibrations avec une intensité proportionnelle à la rapidité de la compression, tandis qu'une substance dilatée par le même moyen absorbe d'autant plus vivement le calorique étranger que la dilatation s'exécute avec plus de vitesse. Mis en présence l'un de l'autre, ces deux corps, dérangés inversement de leur équilibre, se transmettent leurs vibrations, du plus au moins, avec une énergie extraordinaire. Loin donc de présenter une résistance, la matière se prête alors à l'échange.

Or c'est précisément ce qui se passe dans l'intérieur du globe. Une substance a d'autant moins besoin de calorique qu'elle est plus dense; *de là sa chaleur spécifique;* mais à cause de la convergence des rayons solaires, le centre très-dense de la planète reçoit énormément de calorique, plus qu'il n'en peut accepter et contenir; il a par conséquent une tendance continuelle à céder l'excédant de son fluide aux régions superficielles pour rétablir l'équilibre. Il existe donc une vive réaction ou force expansive prodigieuse qui fait sans cesse remonter la chaleur de l'intérieur vers la circonférence, et ce phénomène nous explique la rapidité du refroidissement de l'astre dès qu'il s'éloigne du soleil, car, sous cette force expansive, son calorique se reporte énergiquement des régions centrales vers les couches plus dilatées de la surface, qui, soumises à un froid inouï par l'action absorbante des atomes de l'éther, laissent rayonner le calorique en grande quantité dans l'espace.

Nous faisons abstraction de la couche invariable qui est l'épiderme de la planète et n'est traversée que par des rayons non encore concentrés et par conséquent très-modérés; mais, entre les régions denses centrales qui cherchent constamment à se débarrasser de leurs vibrations trop nombreuses pour leur degré de densité, et les régions de la circonférence qui exigent plus de calorique et le soutirent continuellement aux couches profondes pour se défendre contre le refroidissement, l'échange de chaleur se fait avec une extrême énergie.

Ce n'est pas tout : si l'échauffement de l'astre se fait rapidement de l'aphélie au périhélie, à cause de la concentration calorifique, qui amène des effets d'une violence irrésistible, le phénomène inverse se produit, lors d'un refroidissement, du périhélie à l'aphélie. Les rayons qui rétrogradent pour sortir de la terre divergent en passant *d'un milieu dans un autre moins dense,* et le refroidissement est d'autant plus prompt que le calorique s'échappe des profondeurs en rayons formant éventail, lorsque la planète s'éloigne du soleil. La réaction est toujours égale à l'action, le pouvoir d'émission au pouvoir d'absorption.

Par l'augmentation ou la diminution de la force transmise dans son sein, nous comprenons pourquoi la marche de l'astre s'accélère ou se ralentit suivant sa proximité du globe lumineux. Il se convertirait même en vapeurs sous la puissance irrésistible du resserrement des rayons dans ses entrailles, si la force centrifuge ne le maintenait à une distance telle que l'état gazeux n'est pas possible, à cause de l'action absorbante de l'éther.

Conformément aux lois de Képler, la planète se

rapproche avec une vitesse accélérée, lorsqu'elle s'est refroidie intérieurement, au point le plus éloigné de son orbite. Elle irait en conséquence tomber sur le soleil; mais, à mesure qu'elle s'avance vers l'astre lumineux, la convergence des rayons dans son sein amène un nouvel échauffement; alors la vitesse de sa marche s'accroît, la force centrifuge augmente, et la planète parvenue au périhélie, est rejetée à l'aphélie, puis le même jeu recommence indéfiniment.

En réalité la puissance calorifique du soleil se convertit en une marche ou mouvement de la planète autour de lui, par suite d'une transformation de force qui provient de ce que le calorique ne possède pas seulement une action répulsive : il est l'essence même du mouvement, puisqu'il constitue le mouvement vibratoire des atomes; c'est pourquoi une augmentation de chaleur fait précipiter la marche et une diminution la fait ralentir; la force centrifuge maintient l'astre avec une puissance tantôt plus grande, tantôt plus faible.

Une étoile est douée également de couches concentriques liquides de densités différentes qui font réfracter et converger sur son centre les rayons émis par une autre étoile venue à proximité. Les lois sont donc les mêmes que pour les planètes, sauf que celles-ci reçoivent la force du soleil et ne lui renvoient pas la même énergie, tandis que deux étoiles accouplées étant lumineuses réagissent l'une sur l'autre; elles se maintiennent par suite à un éloignement plus grand que les astres opaques (ceux-ci se distancent du soleil suivant leurs chaleurs spécifiques, c'est-à-dire selon le point d'éloignement qui leur permet de rester à l'état de liquéfaction sous les rayons solaires).

Les comètes sont soumises aux même règles, mais leur équilibre est plus dérangé, et il en résulte qu'au périhélie elles se vaporisent presque complètement et par contre se solidifient profondément à l'aphélie ; au lieu de rester liquides (l'état de liquéfaction est le point normal ou d'équilibre), elles passent donc à chaque révolution par les trois états de la matière. Se rapprochant trop du soleil à un certain point de leur orbite, elles sont obligées de s'en éloigner proportionnellement à l'aphélie, la réaction étant égale à l'action.

La vaporisation d'une comète au périhélie nous confirme le phénomène que nous venons de décrire au sujet des planètes ; seulement celles-ci se dérangent très-peu de leur équilibre calorifique, à cause de la faible excentricité de leurs orbites. La force d'expansion des gaz qui forment la queue d'une comète nous prouve bien que c'est sur le centre même de l'astre que frappe le soleil. Evidemment, les couches profondes, sous la concentration progressive des rayons, et à cause de leur densité plus grande qui exige moins de calorique, se vaporisent les premières, et les gaz comprimés, se frayant un passage de force à travers les couches extérieures, sont lancés à une distance fabuleuse, après avoir acquis par la pression une puissance expansive inouïe.

La rapidité de vaporisation d'une comète répond à l'objection de conductibilité lente du calorique, dont nous avons parlé plus haut. Cette objection n'a plus de valeur en présence des effets si prompts qui se manifestent sur l'astre chevelu, chaque fois qu'il arrive au périhélie ou s'en éloigne.

Telles sont les lois de la gravitation; elles vont nous rendre compte du mouvement des atomes dans les nébuleuses proprement dites et aussi dans la nébulosité solaire, sous la force calorifique à laquelle ils sont soumis [1].

1. Quant aux satellites, la transmission calorifique est entièrement remplacée par des courants électriques qui, allant en sens inverse sur chaque face que se présentent les deux astres, réagissent les uns sur les autres, par l'effet du pivotement diurne de la planète.

L'électro-magnétisme (fluides dynamiques circulaires et courants intérieurs de l'aimant venant affleurer la superficie) donne ainsi aux satellites une force centrifuge qui les fait graviter dans des orbites elliptiques. Ces astres tombent avec une vitesse accélérée, puis sont rejetés au loin par la puissance des courants et retombent encore pour recommencer le même mouvement de va-et-vient. La force calorifique faisant défaut, les satellites se maintiennent, suivant leur ordre de densité, à une distance rapprochée de leur globe central, car c'est la proximité seule qui permet aux courants de vaincre la pesanteur en occasionnant l'accélération de la marche et en augmentant la force centrifuge. En outre, le rapprochement progressif enfante des courants d'induction inverses qui viennent joindre leur action à celle des fluides continus pour empêcher la chute.

Nous exposerons dans le deuxième volume ces lois intéressantes et leurs actions compliquées, ainsi que les causes mystérieuses et très-complexes du développement des courants thermo-électriques sous le travail des rayons solaires, tant sur les planètes que sur les satellites.

Gravitation des atomes de la nébulosité

Rotation d'une nébuleuse. — La spirale. — Diverses phases dans l'évolution d'un amas cosmique.

Les atomes circulent autour du soleil avec une vitesse de translation d'autant plus grande que la puissance du calorique agit sur eux proportionnellement à la distance (loi du carré des distances), et ils se maintiendraient indéfiniment dans des orbites semblables à celles des planètes, ralentissant leur mouvement s'ils se refroidissent en s'éloignant du centre calorifique, ou le précipitant s'ils s'échauffent en s'en rapprochant ; mais une troisième force intervient et les fait tomber : c'est l'induction électrique qui agit sur les particules quand elles sont arrivées au contact de l'astre et les entraîne dans des combinaisons chimique. En somme, les atomes pleuvent sur le soleil après avoir décrit des spirales aux interminables replis, c'est-à-dire que, dans leur mouvement de gravitation, ils se rapprochent graduellement de l'astre pour remplacer ceux qui ont disparu, absorbés par la formation des corps simples.

Ces mouvements de translation, confondus à l'origine, ont dû à la longue se mettre en harmonie, le fort entraînant le faible, car deux mouvements semblables s'attirent, comme cela a lieu pour les courants électriques. Peu à peu, la masse entière des particules éthérées s'est resserrée sur un plan commun où la force centrifuge issue de la puissance calorifique solaire agit avec plus d'intensité et allonge les orbites sur le plan ainsi que nous le montre la lumière zodiacale (forme lenticulaire de l'amas).

Il ne faut pas croire à une simple hypothèse de notre part au sujet de la chute des atomes en spirale; la logique des choses indique qu'il n'en saurait être autrement. Deux faits sont incontestables : le premier, c'est que la matière d'une nébuleuse se condense continuellement et se resserre peu à peu vers son centre ; le second, c'est que la nébuleuse elle-même tourne sur un plan, car on n'expliquerait pas autrement son aplatissement en forme de meule de moulin, ainsi que nous le voyons par la disposition des étoiles vers les confins de la voie lactée.

Étant admis le mouvement d'une nébuleuse, il ne peut être que rapide au centre et très-lent à la circonférence, *comme le veut la loi en raison inverse du carré des distances ;* sinon, on arriverait à des chiffres impossibles pour calculer la vitesse des particules les plus éloignées (la loi est la même que dans la gravitation des planètes).

Ainsi nous constatons deux mouvements simultanés : marche accélérée des atomes autour de leur centre d'attraction, et condensation ou resserrement incessant de la matière cosmique vers le centre. Or il est évident que les particules ne peuvent exécuter ces deux mouvements à la fois sans décrire des orbites en forme de spire. C'est ce que nous avions à démontrer

Du reste, les télescopes doués d'une grande puissance l'ont signalé dans des nébuleuses non résolubles qui laissent apercevoir les incalculables replis d'une spirale brillante. Cet état particulier d'une nébuleuse ne peut s'appliquer qu'à celles qui tournent sur un plan; il prouve un mouvement intérieur très-intense et croissant de la circonférence au centre, en même temps qu'un afflux continuel de matière nouvelle, et un dégagement prodigieux de calorique par suite de la condensation. La chaleur énorme du centre vers lequel se portent les atomes les fait graviter en spirale. Il est même évident qu'il s'y joint des phénomènes d'électricité en vertu desquels sans doute les replis brillants se laissent apercevoir; leur disposition bizarre est vraisemblablement due à des effets de recombinaisons électriques continues, comme celles de la pile.

Toutes les nébuleuses n'ont pas cette disposition; cela n'a rien d'étonnant : la plupart n'ont pas un centre commun de condensation, mais plusieurs groupes en formation dont les spirales sont trop faibles pour être visibles. Puis, il faut surtout considérer que les nébuleuses accomplissent une évolution pour laquelle existent différentes périodes; les unes n'en sont encore qu'à la première phase, tandis que les autres sont parvenues à la dernière. Il y aurait d'abord un état diffus, au commencement de la formation, quand les atomes, refroidis par la dilatation de l'éther, tombent pêle-mêle de tous les points de l'espace, animés d'une énergie de mouvement proportionnelle à leur énergie potentielle. De là une forme très-irrégulière selon la marche des particules, des places plus lumineuses là où les éléments sont plus resserrés, d'autres où ils sont moins agglomérés et donnent en conséquence une clarté plus faible. Telle est la grande nébuleuse d'Orion, près de la Garde de l'Épée.

Plus tard, sous l'action du calorique qui se dégage continuellement par le rapprochement et sous la chaleur mise en liberté par les atomes qui se combinent sur les centres d'attraction, la matière cosmique s'est mise peu à peu à graviter, mais confusément, jusqu'à ce que les mouvements se soient à la longue établis dans une certaine harmonie sur un plan commun. C'est alors que la nébuleuse prend la forme aplatie. Enfin la spirale peut être visible dans quelques amas à centre unique qui a le pouvoir d'accaparer les atomes, ou du moins ces amas ont un centre d'une prépondérance énorme sur les autres points secondaires d'attraction qui se trouvent dans la nébuleuse.

Que doit-il se passer dans un semblable nuage cosmique, lorsque sa condensation est arrivée à sa limite extrême ? La force répulsive finit par prendre le dessus; l'énergie potentielle est enfin vaincue, et logiquement les orbites à spirales convergentes doivent, sous la forme centrifuge devenue prépondérante, se changer insensiblement en orbites à spirales divergentes, après avoir passé par la forme circulaire. La force expansive ramène donc les atomes en arrière et leur fait regagner en gravitant les profondeurs de l'espace, avec une lenteur de plus en plus grande, de même qu'une planète ou une comète ralentit sa marche en s'éloignant du soleil, la réaction étant égale à l'action, le mouvement de reflux des atomes d'une vitesse inverse de celle du flux. Ce mouvement de plus en plus lent des particules dans les orbites d'une immensité inouïe qu'elles décrivent nous explique le temps incalculable qui leur sera nécessaire pour s'éloigner.

Ils finissent par garder une immobilité complète, pas absolue cependant, car ils obéissent encore d'une manière insensible à l'impulsion de leur calorique en excès, et, dépassant leur point d'équilibre, ils se desserrent sans cesse, jusqu'à ce que le refroidissement, devenu trop intense, les force à se rapprocher de nouveau. Alors une nouvelle nébuleuse sera en formation ; mais, avant qu'elle arrive à une concentration, il se passera encore un temps infini, et chaque phase de son développement exigera à son tour des milliards de siècles.

Le temps n'a pas de valeur dans les phénomènes cosmiques, et l'esprit est confondu en présence de ces cycles effrayants qui nous donnent l'image de l'éternité !

Protubérances et taches

Vaporisation dans le noyau. — Décharges électriques.

Nous ne terminerons pas ce chapitre sans dire quelques mots sur les protubérances et les taches, bien qu'il s'agisse là d'un phénomène très-mystérieux et qu'il y ait peut-être peu d'espoir de le résoudre d'une manière satisfaisante. Les jets de gaz enflammés à des hauteurs qui dépassent presque deux fois la distance de la terre à la lune sont des faits grandioses dont aucune force sur notre planète ne peut nous donner l'idée.

Il est évident que les jets de gaz sont dus à une pression quelconque; nous allons tâcher de l'expliquer par l'hypothèse suivante.

Les précipitations de matière qui se condense par l'effet du rayonnement et se vaporise de nouveau après la chute ont été décrites par M. Janssen ; elles prouvent l'existence d'un noyau d'une chaleur immense qui fait vaporiser les éléments lorsqu'ils retombent à sa surface ; mais généralisons le phénomène, et admettons également des mouvements de précipitation dans le noyau même, c'est-à-dire une fluctuation incessante dans la masse liquide. Il ne saurait en être autrement. Les atomes gazeux, en se resserrant les uns sur les autres, changent d'état sous la pression croissante et constituent ainsi la matière liquéfiée ; mais cette matière ne saurait conserver un équilibre stable et est soumise à un remous continuel. Les molécules centrales reçoivent par conductibilité trop de chaleur pour leur forte densité et, ne pouvant y résister, se vaporisent et remontent à la surface où ces gaz se détendent ; en même temps se fait une précipitation : d'autres molécules vont remplacer dans le noyau celles qui ont été expulsées, et le passage incessant de l'état gazeux à l'état liquide qui résulte de ce phénomène met en liberté énormément de vibrations; mais l'effet inverse se produit dès que les matières liquides se convertissent en vapeurs. Il y a alors absorption du calorique central pour former les gaz, et, par le refroidissement qui en est la conséquence, l'équilibre se rétablit, pas pour longtemps cependant; il ne tarde pas à se déranger de nouveau, et des explosions viennent encore bouleverser les couches d'hydrogène de la photosphère et en lancer les gaz à une hauteur prodigieuse.

Quant aux taches, elles sont probablement occasionnées par les effets de réaction qui accompagnent de pareilles commotions.

Il est vraisemblable qu'une telle perturbation dans les enveloppes gazeuses solaires ne saurait se faire sans un contre-coup qui se traduit en décharges électriques anormales, de même que les tremblements de terre et les éruptions volcaniques sont presque toujours accompagnés de troubles atmosphériques. Il y a peut-être une corrélation entre les décharges et les taches par des effets de refroidissement et de précipitation de matière.

Les fluides électriques se distribuent positivement et négativement sur les atomes qui tombent et sur ceux qui font partie de l'astre. L'accumulation ne pouvant se faire indéfiniment, l'électricité se recombine quand la tension devient trop forte. Ces recombinaisons sont évidemment favorisées par les bouleversements qui se font dans la photosphère, lorsque les vapeurs du noyau s'échappent énergiquement par des fissures situées principalement dans deux zones de part et d'autre de l'équateur (espèce de volcans).

L'évolution décennale peut s'expliquer facilement par des périodes de calme relatif après d'autres périodes où les éruptions volcaniques se sont fait sentir avec trop d'intensité. La réaction suit l'action. Les accidents se répètent après des intervalles égaux, car en moyenne les forces sont toujours les mêmes; mais, si, à un certain moment, s'est opérée une expulsion plus considérable de vapeurs centrales, il faut le temps nécessaire pour que d'autres vapeurs puissent se former en excès; ainsi dans le cours de la période les éruptions sont tantôt trop fortes, tantôt plus faibles, ou bien ont une intensité normale.

Les perturbations magnétiques de l'aiguille sont probablement dues à ces phénomènes; cadrant avec l'évolution décennale, elles seraient déterminées par les décharges électriques qui se produisent à la surface du soleil et ont leur contre-coup sur les planètes; de là une déviation brusque du barreau aimanté.

Puissance de l'éther.

Évolution d'un astre. — Son commencement et sa fin. — Réflexions philosophiques.

Jusqu'à présent, nous avons été habitués à considérer le soleil et les étoiles comme les seuls sièges de la force. Il nous faut revenir de cette idée. Ces astres brillants ne sont en réalité que des points infimes de matière condensée dans les cieux par la puissance mécanique. Leur force et leur calorique sont limités et leur ont été transmis; leur existence même, ayant eu un commencement, doit avoir une fin, si éloignée qu'elle puisse être.

Pourquoi doit se détruire un astre? C'est une loi fatale; l'éther, quelle que soit sa richesse en atomes, ne peut éternellement se convertir peu à peu en centres de matière, *ce qui serait en contradiction avec son éternité et supposerait une fin.* Les globes célestes ne sauraient donc échapper à la loi inexorable qui pèse aussi bien sur eux que sur l'humanité.

Comment alors meurt un astre? Doit-il se réduire un jour en poussière impalpable? Non ; l'attraction, étant une force éternelle, ne peut permettre aux atomes de se séparer pour qu'un astre se réduise en poussière. Il ne lui est pas possible d'arriver à la destruction par ce moyen.

Pour trouver la solution de ce problème, il faut réfléchir à la manière dont un centre d'attraction s'est formé : c'est en perdant son calorique primitif. La restitution du calorique perdu pourrait donc seule rétablir les choses telles qu'elles étaient avant la condensation et rendre aux atomes leur isolement, qui est l'état normal de la matière dans l'infini. Ce phénomène peut se faire attendre pendant des milliards d'années, et cependant il doit arriver un jour ; aussi la légende de la destruction de la terre par le feu à la fin des temps est plus vraie qu'elle ne paraît à première vue.

Pour anéantir un astre, il suffirait qu'il fût soumis à une concentration de vibrations éthérées, puissance à laquelle rien de ce qui existe ne saurait résister. Le phénomène qui a amené la création des globes célestes est également celui qui en amènera la destruction, car là aussi la réaction est aussi énergique que l'action ; à une force incalculable de calorique émis par la matière qui se condense correspond la même force incalculable de calorique qui peut être restitué à la matière et en amener la dispersion. En un mot, la chaleur qui a quitté les atomes de l'éther est également la chaleur qui suffirait pour les rendre à l'état d'isolement qu'ils possédaient auparavant.

Qu'un globe se trouve tout à coup placé dans un centre nouveau de condensation, ou que, errant dans l'espace, il vienne à pénétrer dans une nébuleuse dense, l'heure suprême aura sonné pour lui, car la température inouïe qui lui serait transmise le réduirait en gaz impalpables comme ceux de l'amas cosmique. Or la chaleur d'une nébuleuse est incommensurable; non-seulement elle fait concentrer ses vibrations en se resserrant progressivement, mais elle reçoit tout le calorique mis en liberté par les atomes qui tombent en légions serrées sur les centres en formation et y changent de nature dans des combinaisons chimiques. La suprême catastrophe serait arrivée pour l'astre enveloppé dans la nébuleuse! Plongé dans cette effroyable pluie de feu, soumis à une concentration de force calorifique dont l'intensité de la foudre elle-même ne saurait nous donner l'image, rien ne pourrait sauver de la destruction le système solaire, qui disparaîtrait dans l'immense amas comme un morceau de plomb se réduit dans un bain de métal en fusion! Ses éléments, dépourvus de l'énergie potentielle possédée par les atomes éthérés, énergie qui leur imprime un mouvement de concentration et leur permet de créer des mondes nouveaux, ses éléments seraient dispersés et emportés dans le grand tourbillon qui les ramènera dans les profondeurs insondables de l'espace [1].

Le soleil est, il est vrai, à un éloignement si prodigieux d'une telle nébuleuse que la catastrophe n'est pas près d'arriver; néanmoins, quelque lointain que soit le terme de la vie d'un astre, dût son existence se prolonger encore pendant une série de siècles plus nombreux que les grains de sable au bord de la mer, n'oublions pas que l'éternité ne connaît pas de limite;

1. La rapidité de vaporisation d'une comète lorsqu'elle arrive à proximité du soleil nous explique pourquoi un astre serait si vite réduit dans une nébuleuse.

ces siècles si nombreux ne sont qu'un point infime dans le temps, comme la terre n'est qu'un point imperceptible dans l'espace, et le moment de la destruction viendra. L'astre, ayant eu un commencement, doit nécessairement avoir une fin; engendré dans le feu, par le rayonnement des vibrations de l'éther, le feu seul peut l'anéantir en lui restituant la même quantité de calorique émis par la condensation. Les atomes dont se composent ses matériaux, ayant été jadis isolés, peuvent et doivent fatalement revenir à leur isolement primitif, car la force mécanique qui crée les mondes est aussi celle qui les détruit.

Ce qui est venu de l'éther retournera donc un jour dans l'éther. Celui-ci seul, source de toute force, est éternel et ses atomes indestructibles; sortis d'un monde réduit en vapeurs subtiles, dégagés, par la restitution de leurs vibrations primitives, de toutes les combinaisons successives qu'ils avaient formées, ils restent toujours neufs et serviront encore à enfanter des centres d'attraction, mais après avoir puisé une nouvelle vie dans l'énergie potentielle acquise au milieu de l'espace par la force expansive du calorique, ce qui leur permet de recommencer une évolution lorsqu'ils ont été assez refroidis par l'effet de la dilatation.

Le vrai dispensateur de la force est l'éther, dont les particules composent la substance universelle, qui n'a de bornes ni dans le temps ni dans l'espace et peut toujours, en abandonnant son calorique, créer de nouveaux mondes, ou les anéantir en les soumettant à ses vibrations concentrées.

Tous les phénomènes, quels qu'ils soient, ont donc leur source dans l'énergie potentielle des atomes et cette énergie est elle-même enfantée par l'oscillation éternelle, semblable au balancement du pendule, laquelle est due à la force expansive du calorique; la condensation est toujours précédée d'une dilatation, et réciproquement. C'est par ce moyen que l'éther forme les étoiles et leur transmet une puissance qui est le point de départ de nouvelles évolutions et de nouveaux phénomènes. Par une curieuse transformation des forces, l'énergie de position des atomes se convertit en mouvement et celui-ci en calorique; à son tour, le calorique se transforme en électricité, et l'électricité en magnétisme qui donne le mouvement à l'étoile, par la réaction des pôles actif et passif de l'aimant sur le milieu qui l'entoure.

L'éther entretient la lumière de l'étoile et la pousse dans sa route à travers l'infini, et c'est encore lui qui sert de véhicule à son attraction et au rayonnement de son calorique, car il renferme deux forces latentes, qui sont précisément l'attraction et le calorique. Tout sort donc de lui et se rapporte à lui. Des condensations d'une lenteur fabuleuse se font dans son sein, et de ce mouvement surgit la force et jaillit la lumière; des particules d'une petitesse inouïe, mais dont le nombre fait la puissance, se précipitent en foule, et ces messagers infatigables, doués d'un pouvoir magique que nous révèlent la physique et la chimie, vont se condenser, puis se combiner de mille manières et, à chaque métamorphose, acquérir des propriétés nouvelles et surprenantes, et, pendant des périodes de temps d'une durée incalculable, ils ne cesseront leurs efforts pour, de leur substance même, édifier l'étoile magnifique et alimenter, en venant détoner à sa surface, le soleil étincelant, centre d'où rayonne à son tour l'énergie qu'ils lui transmettent, et d'où émane la vie sous toutes ses formes les plus variées, par une dernière transformation de forces dont le secret échappe à nos moyens d'investigation.

Est-ce que tout cela n'est pas merveilleux ? Cette puissance de l'éther, fluide en apparence si simple, si homogène, mais dont les atomes peuvent se métamorphoser en perdant leur calorique, et dont la force latente renferme en *germe* tous les phénomènes, a un caractère extraordinaire qui saisit l'âme et nous fait comprendre l'existence d'une intelligence infinie d'où tout émane. Nous plaignons ceux qui ne verraient dans l'action mécanique de l'univers qu'un argument en faveur des doctrines athéistes ; ils ne se rendraient pas compte de la profondeur des problèmes que l'esprit humain est incapable de résoudre. La force mécanique a ses lois et peut s'expliquer ; mais là n'est pas l'énigme. Quelle est cette force latente de l'éther qui contient en principe tous les phénomènes, même ceux de la vie, dont l'évolution doit se dérouler, comme l'arbre sort nécessairement de sa graine? Pourquoi y sont-ils en germe? A-t-on dit le dernier mot quand on a tout attribué à une action mécanique? Et cette action mécanique elle-même, d'où provient-elle? Du mouvement vibratoire des atomes. Soit; mais pourquoi les atomes possèdent-ils ces vibrations éternelles? Là s'arrête toute argumentation. Quant à nous, nous dirons avec certitude que là où règne le mouvement existe la vie, la *vie de la nature*, et de plus l'intelligence infinie, supérieure à tout, laquelle échappe à nos raisonnements, mais se révèle par l'ordre admirable et les lois qui régissent la matière.

L'homme qui réfléchit se sent en présence d'une puissance redoutable et inconnue qui remplit l'immensité et l'éternité et dont la cause est en dehors des lois naturelles; si nous voyons ses moyens d'action dans la force illimitée de l'éther, Dieu lui-même nous est caché; mais nous sentons son existence dans la vie qui anime la nature, sa sagesse infinie dans l'ordre qui y règne, et sa volonté dans la série d'évolutions qui se déroulent successivement et dans la loi de progrès qui fait que le bien l'emporte peu à peu sur le mal, mal inévitable, étant donnée la liberté humaine. Toute la nature chante sa gloire, et son nom est écrit en lettres de feu au milieu du ciel étoilé.

Pour finir ce chapitre, associons-nous à ces belles paroles de l'éminent savant anglais, M. Williamson :

« Quand l'homme se trouve en présence des merveilleux phénomènes de la matière et de la force, pour l'existence desquelles il ne peut découvrir aucune cause naturelle, et lorsqu'il s'efforce de percer les ténèbres, quand il se demande d'où viennent ces choses, pourquoi elles se trouvent présentes, et comment elles acquièrent de si merveilleuses données, les ténèbres silencieuses ne lui font pas de réponse. Ce silence même de la nature, si rempli d'émotion, qui met au cœur une crainte respectueuse, semble alors prendre une voix et lui dire solennellement : *Déchausse tes sandales, car le sol que tu foules est sacré.*

CONCLUSION

APERÇU DES LOIS ASTRALES

TOUS LES ROUAGES DE LA GRAVITATION SONT MIS EN JEU PAR L'ACTION MÉCANIQUE DES ATOMES DONT LE MOUVEMENT SE TRANSFORME EN CALORIQUE ET EN ÉLECTRICITÉ, AGENTS QUI REPRODUISENT A LEUR TOUR LE MOUVEMENT.

Nous nous sommes décidé à publier cet ouvrage, dans l'espoir que la science tirera peut-être quelque profit de nos recherches sur le mécanisme de l'univers. Les mystères qui nous entourent sont enveloppés d'un voile si épais, les phénomènes échappent tellement à l'investigation des sens, à cause de la petitesse infinie des atomes, que l'imagination doit nécessairement jouer un grand rôle pour pouvoir arriver à la solution des problèmes. Sans doute il y a danger qu'elle ne s'égare, mais elle peut aussi tomber sur la vérité; or une vérité entrevue est un acheminement vers une foule d'autres. On ne doit donc pas dédaigner les hypothèses, comme beaucoup de savants sont trop portés à le faire, parce que, disent-ils, ils ne veulent s'attacher qu'à l'étude des faits. Cependant il en est qui ne se prêteront jamais à leurs analyses, tels que la constitution de l'éther, ses réactions, etc. Ici, il faut bien que l'imagination vienne suppléer à l'insuffisance des moyens, ainsi qu'elle l'a déjà fait pour les vibrations calorifiques, magnifique conception qui est sortie tout armée de la pensée seule. Il en est de l'électricité comme du calorique; les mille expériences sur cet agent invisible ne suffisent pas pour en donner le véritable caractère, et il faut bien que l'imagination tâche de trouver le mot de l'énigme. Nous avons démontré que les fluides électriques sont en réalité des mouvements moléculaires de sens inverse qui dérangent l'équilibre de la matière, laquelle réagit très-énergiquement chaque fois que, sous une force quelconque, un trouble se fait dans le rapport voulu entre la densité d'une molécule et sa capacité calorifique.

Notre premier volume renferme tous les phénomènes qui se rattachent à l'éther. Le second, qui ne sera pas publié avant un an, abordera le terrain astronomique dans l'étude des grands phénomènes. Nous mettrons en lumière l'impossibilité d'un facteur unique pour faire naître la force centrifuge et la nécessité absolue d'un second facteur ou puissance motrice centrale qui engendre cette force centrifuge et par suite amène la gravitation d'une planète ou d'un satellite. Nous décrirons les lois intéressantes par lesquelles la thermo-électricité se développe sous les rayons solaires; de là, une force motrice dont le mécanisme consiste en une réaction de courants inverses les uns sur les autres, grâce à la rotation diurne amenée elle-même par un dérangement incessant du centre de gravité sous la chaleur de l'astre du jour.

Les lois de l'électricité astrale sont très-complexes et mystérieuses; mais les preuves nous en seront données avec abondance par l'étude des phénomènes ainsi que par les mouvements de notre satellite, tandis que d'autres phénomènes nous démontreront que la lune, tout en obéissant à la puissance motrice de la terre, réagit à son tour sur elle par ses propres courants.

Quelle que soit la difficulté de combattre des idées admises depuis tant d'années, nous espérons convaincre le lecteur. Nous lui montrerons les erreurs du problème dit des trois corps ou théorie des mouvements de la lune par un facteur unique, et nous ferons voir aussi que la vitesse accélérée sous une attraction, loin de préserver un astre, est au contraire la condition fatale d'un choc épouvantable entre deux globes entraînés l'un vers l'autre, à moins de l'intervention d'un second facteur qui s'oppose à la chute en faisant naître un mouvement de translation dont la conséquence est une force centrifuge. La puissance protectrice des agents physiques, source de tous les mouvements connus dans la nature, n'est-elle pas infiniment plus rationnelle qu'une impulsion primitive qui ne saurait être rattachée à aucun principe et aurait été usée et anéantie depuis tant de millions d'années par le frottement de l'astre sur l'éther?

Que nous offre la théorie astronomique? Un facteur monotone, l'attraction. Il est vrai qu'on suppose une impulsion initiale, autrement dit une cause surnaturelle; mais le malheur est que, si cette impulsion est égale à l'attraction, elle ne saurait empêcher le corps attiré de tomber sur le globe qui le sollicite, en vertu même de la loi du parallélogramme des forces, puisque la déviation se ferait, non dans la seconde section du trajet, comme le dit la théorie, mais dans la première. Le résultat serait une chute par la diagonale. Si l'énergie de l'impulsion est supérieure à la puissance attractive, l'astre continuera sa route simplement et ne gravitera pas.

Combien sont plus grandioses les véritables lois de la nature! A une époque perdue dans la nuit de l'éternité, une grande nébuleuse s'est condensée sous la force mécanique issue d'un dérangement d'équilibre de l'éther, et l'énergie potentielle des atomes a enfanté le soleil et une foule d'étoiles. Dans leur chute, les particules éthérées ont transmis aux centres d'attraction un calorique inouï qu'elles ont mis en liberté pour former les corps simples et en même temps ont fait naître une puissance inductrice qui, se reconstituant sans cesse, occasionne la chute de nouveaux atomes et alimente la lumière.

L'énergie de mouvement se transforme donc en calorique et en électricité, puis en magnétisme, et par une dernière métamorphose reproduit le mouvement lui-même. De là une translation de l'astre lumineux à travers l'espace, car, si le calorique et l'électricité sont des transformations du mouvement et ont été engendrés par l'énergie potentielle des atomes, le mouvement à son tour est une véritable incarnation du calorique et de l'électricité et en est le résultat inévitable. Le globe de feu ne peut donc rester immobile sous les forces qu'il reçoit des atomes éthérés. Nous avons décrit ce mécanisme mystérieux, qui consiste en une réaction sur le milieu, attractive d'un côté et répulsive de l'autre (réactions des spires magnétiques sur l'éther).

Dans sa translation, le soleil a rencontré des globes éteints qui, entrant tout à coup dans sa sphère d'attraction, sont tombés vers lui avec une vitesse accélérée. La rapidité de la chute les aurait fait se précipiter au sein de la fournaise, si le calorique de l'astre du jour n'avait la faculté, étant une métamorphose du mouvement, de le reproduire en transmettant une translation. Les globes lancés vers le soleil furent donc accueillis par son énergie calorifique, rendue irrésistible à distance par la convergence des rayons sur le centre de l'astre sous la réfraction progressive qu'ils éprouvent en passant d'un milieu dans un autre plus dense à travers ses couches.

Arrivant trop près du soleil et réduits en vapeurs, comme les comètes, ils furent rejetés ensuite dans l'espace par la force centrifuge, jusqu'à ce que le refroidissement causé par l'action absorbante de l'éther ait rendu à l'attraction son empire et occasionné une nouvelle chute. L'énergie transmise au globe de feu par les atomes se communique ainsi aux planètes et donne lieu aux lois de Képler (attraction et répulsion alternatives).

Par suite de la rapidité effrayante de la chute, l'orbite de l'astre attiré fut à l'origine très-excentrique, et sa gravitation semblable au balancement du pendule, puis cette excentricité s'est modifiée peu à peu en tendant vers le point d'équilibre. En un mot, ces amas de matière cosmique ont passé à l'état planétaire avec une lenteur infinie et se sont rapprochés en même temps de l'écliptique, afin de graviter dans le sens de la rotation du soleil. Il est évident que, tombés d'un point quelconque de l'espace, ils ont dû dans le principe sillonner le ciel dans toutes les directions; mais les plans des astres rétrogrades ont dévié continuellement avec une lenteur fabuleuse, de telle sorte qu'ils ont fini par se trouver complètement renversés au bout d'une période de temps tellement longue que l'esprit ne peut s'en faire une idée. Le renversement des plans s'est opéré en vertu de cette loi que les mouvements semblables s'attirent et les mouvements opposés se contrarient et se repoussent. C'est pourquoi, sous l'effet constant de la rotation du soleil, les planètes sont parvenues à la longue à exécuter leur mouvement de translation dans le même sens que celui du pivotement de leur astre central et à se rapprocher de l'écliptique. Les comètes n'en sont encore qu'à la première phase de cette évolution, mais avec différents degrés d'avancement; quelques-unes même sont arrivées à un état intermédiaire entre les deux espèces d'astres et nous indiquent le lien qui les unit.

Les satellites étaient probablement des comètes qui ont été entraînées hors de leur orbite en venant passer trop près d'une planète; mais il a fallu pour cela que leur vitesse fût assez modérée pour ne pas être supérieure à l'attraction; sinon, elles auraient rasé la planète sans quitter leur orbite, de même que le boulet de canon rase la surface du sol en vertu de sa grande vitesse, qui lui fait vaincre pendant un certain temps l'énorme attraction du globe. Il est remarquable que Mercure et Vénus n'ont pas de satellites; la trop grande rapidité de marche des comètes et leur état gazeux, à leur périhélie, ne se prêtaient sans doute pas à un entraînement. A partir de la terre, qui a un satellite, et Mars deux, le nombre augmente; la masse des grosses planètes et leur éloignement du soleil sont des conditions favorables qui leur ont permis d'absorber quelques comètes d'une vitesse assez faible pour ne pouvoir résister à leur attraction. Tout néanmoins dépendait du hasard des rencontres; aussi Neptune n'a-t-il qu'un satellite. Il a fallu qu'une comète traversât l'orbite à peu près au point même où se trouvait la planète, accident très-rare, mais qui a pu se présenter plus d'une fois dans la période incalculable écoulée depuis l'origine des temps. A ce moment, la comète est tombée; mais, douée de courants thermo-électriques sous l'effet des rayons solaires, elle est parvenue à se maintenir en décrivant une ellipse, c'est-à-dire est rejetée au loin par la force centrifuge lorsqu'elle arrive à une trop grande proximité des courants de la planète, dont la puissance fait accélérer sa marche de plus en plus; puis, soustraite en partie à cette influence par l'éloignement, sa vitesse se ralentit, et elle retombe de nouveau pour recommencer indéfiniment le même jeu.

Nous venons de donner un aperçu des lois astrales. N'est-il pas merveilleux que les forces défensives d'un astre proviennent du calorique de l'éther transmis au soleil par la matière ténue qui tombe sur lui! puis du soleil le mouvement se communique aux globes qui l'entourent. Il faut même remonter dans le passé; elles sont dues à l'énergie potentielle des atomes à l'époque de la formation de la grande nébuleuse, puisque c'est cette énergie de position qui a jadis doué les étoiles d'une puissance inductrice constamment renouvelée par l'électricité et au moyen de laquelle elles peuvent attirer de nouveaux atomes et entretenir leurs forces vives.

Conversion du mouvement en calorique, puis du calorique en mouvement, telle est donc la loi suprême de l'Univers, telle est l'action mécanique; les forces se transforment pour agir sur la matière. Si le soleil tourne sur son axe et se meut dans l'espace, si les planètes pivotent sur elles-mêmes et circulent dans leurs orbites, si enfin les satellites gravitent autour des planètes, c'est parce qu'une force centrale unique met en jeu tous ces rouages; la vie qui anime le système solaire et qui est le point de départ de nouvelles évolutions mystérieuses, est la conséquence de l'énergie potentielle des atomes, de même que la puissance déployée par une turbine est due à l'énergie de position de l'eau amenée sur ce moteur. En effet, le mouvement dont sont douées les particules éthérées qui tombent sans interruption sur l'astre du jour représente une énergie immense qui ne saurait être perdue et se communique au soleil, en se métamorphosant en calorique et en électricité, puis à leur tour ces deux agents reproduisent fatalement le mouvement dont ils sont le symbole*. Or, le mouvement c'est la vie de la nature.

* L'électricité est un symbole du mouvement parce que toute molécule qui, sous une force mécanique, a changé sa densité en plus ou en moins par la sortie ou l'entrée d'un calorique latent (combiné) hors de proportion avec sa chaleur spécifique, est dérangée de son état normal et tend vivement à reprendre sa densité naturelle. La modification produite est en réalité un mouvement exécuté par la molécule et la force de réaction de la matière pour revenir à son équilibre représente un ressort puissant dont l'énergie potentielle se convertit de nouveau en énergie de mouvement lorsque les deux ressorts contraires se détendent l'un par l'autre dans la recombinaison des fluides. La recombinaison est un retour à l'état normal par l'émission (action active) des vibrations intrinsèques qui sont en plus que ne le veut la capacité calorifique d'une molécule et par l'absorption (action passive) des vibrations qui sont en moins que ne l'exige cette capacité.

Comme un courant est une recombinaison continuelle entre deux groupes d'atomes dérangés inversement de leur équilibre, l'énergie potentielle des ressorts moléculaires ou force de réaction s'y change constamment en énergie de mouvement, puis se reconstitue aussitôt par le travail de la pile. Le courant est donc synonyme de mouvement par les actions mystérieuses qui s'opèrent dans son sein, et il le reproduit sur les fils conducteurs dont les particules dérangées de leur équilibre tendent sans cesse à y revenir; de là des faits d'attraction ou de répulsion, parce que la matière cherche à retourner à son état normal, lorsque les ressorts actifs et passifs se font face sur deux courants de même sens, et aussi parce qu'elle réagit contre toute force qui dérangerait davantage son équilibre;

Tout cela n'est-il pas grandiose et la théorie du facteur unique et de l'impulsion primitive peut-elle être en réalité comparée à l'action mécanique des atomes? Nous en appelons au lecteur.

Les lois de la nature sont si admirables que, devant un tel spectacle, l'homme ne peut rester indifférent et éprouve le besoin d'élever son âme vers l'Intelligence infinie, source de toutes choses!

c'est pourquoi deux courants de sens opposé se présentant simultanément leurs ressorts actifs ou leurs ressorts passifs, se repoussent mutuellement.

Le magnétisme forme une réunion de courants dont le sens d'enroulement est le même, et fait naître le mouvement à un haut degré, parce que l'énergie potentielle de tous les ressorts moléculaires constitue des forces de réaction orientées dans une direction unique. Les pôles contraires sont doués par là, l'un d'une vertu active, l'autre d'une vertu passive qui impriment aux particules éthérées des mouvements de rotation d'une vitesse inouïe ou tourbillons en spirale autour de chaque ligne de force. C'est à ce phénomène remarquable qu'est due la translation du soleil; celui-ci réagit sur le milieu sous l'influence inverse des deux pôles magnétiques qui chassent et attirent les atomes tout en leur transmettant un mouvement de rotation autour de l'axe de la ligne de force. Nous avons démontré ces phénomènes à propos du diamagnétisme (ch. IV).

Ainsi dans la nature nous retrouvons toujours une transformation, soit en calorique, soit en électricité ou magnétisme, de la force transmise au soleil par les atomes qui tombent sur lui, afin de reproduire en fin de compte le mouvement initial.

Les vibrations calorifiques sont le mouvement lui-même imprimé par les chocs à la matière qui le restitue et le communique à un autre corps par l'intermédiaire de l'éther. L'électricité est le mouvement emmagasiné, c'est-à-dire converti en ressorts moléculaires. De l'état potentiel il retourne à l'état actif par la détente de ces ressorts (réactions entre courants, et transformation en calorique et lumière).

FIN DE LA PREMIÈRE PARTIE

www.ingramcontent.com/pod-product-compliance
Ingram Content Group UK Ltd.
Pitfield, Milton Keynes, MK11 3LW, UK
UKHW022059190726
13855UKWH00002B/557